やさしく
かる!

系のための
大の先生が教える

学び直し数学

監修
山本昌宏
東京大学大学院教授

とうじょうじんぶつ

山本昌宏先生

東京大学で数学を
教えている先生

理系アレルギーの
文系サラリーマン（27才）

はじめに

中学・高校で学ぶ数学の中で，特に大事と考えられる部分を解説します。この本を手に取られた方は，中学・高校で学ぶ数学についてどのようなイメージをお持ちでしょうか。「内容も言葉もむずかしい」，「こんなもの，普段の生活に役に立つのかどうかわからない」などの感想をお持ちになるかもしれません。その結果，このような数学をわざわざ，どうして苦労して勉強しなくてはいけないのか，と思われるのももっともなことです。**しかし，実は，中高で学ぶ数学は科学として重要な分野であるだけではなく，私たちの日々の生活を支えるために重要であり，技術の進歩や，ひいては私たちの生活をよりよくするためにもとても役立つのです。**

その一方で，学校で学ぶ数学の内容は，もともとなじみがあまりなく，そのうえ盛りだくさんです。面白い部分だけつまみ食いして勉強するわけにもいかず，時間の余裕もなく，しばしば試験のためだけに，とにかく一通り学習しなくてはいけないこともハードルを高くしているかもしれません。

この本では，中高の数学のなかで大切な部分を，対話形式で理解していただくことを目指しました。**中高の数学の内容は盛りだくさんですが，そこにはメインストリートのようなものがいくつかあり，それらをたどるとエッセンスをうまく理解できるという面があります。**

もとより，1冊の本で，中高の数学をすべて解説することはできませんが，この1冊で中高の数学の中心的な部分になじんでいただき，さらに進んだ広い範囲の数学を興味を持って学んでいただければたいへん嬉しく感じます。

さあ，皆さまを中高の数学にご案内しましょう。

監修
東京大学大学院数理科学研究科教授
山本 昌宏

目次

0時間目 中学・高校の数学では何を学ぶのか

STEP 1

中学・高校の「数学」って何の役に立つの？

1時間目 中高数学に登場するいろいろな「数」

STEP 1

「数」を理解しよう

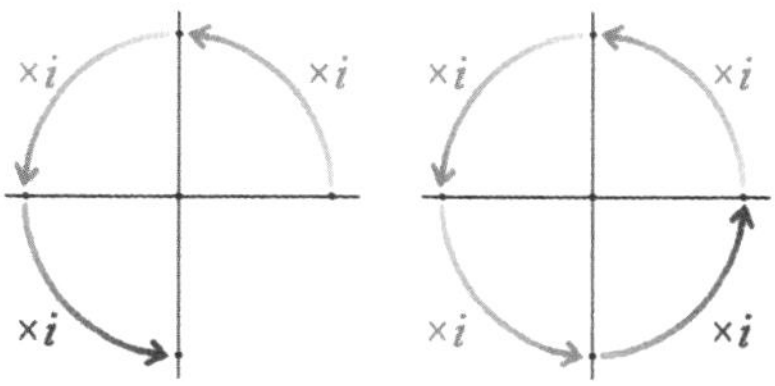

STEP 2

計算に役立つ「数」の仲間たち

2 時間目 数を入れて答えを予測「関数」

STEP 1

巨大な数はおまかせ！　指数関数&対数関数

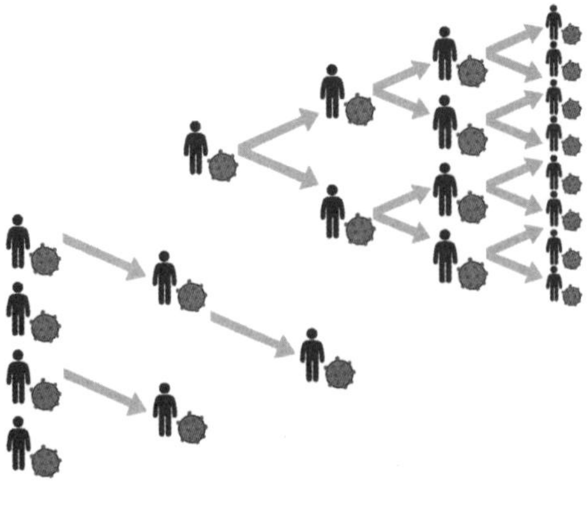

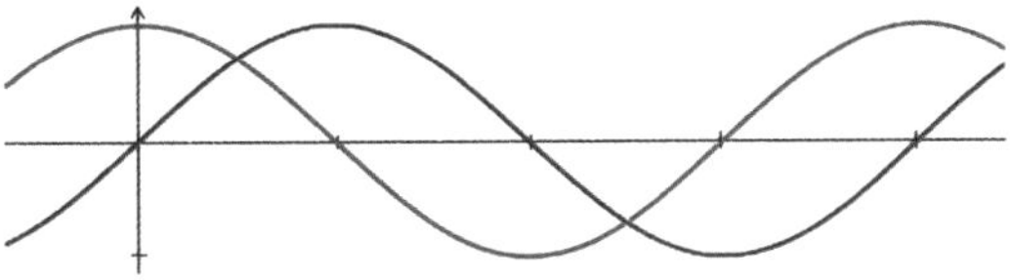

STEP 2

高校数学の重要単元「三角関数」

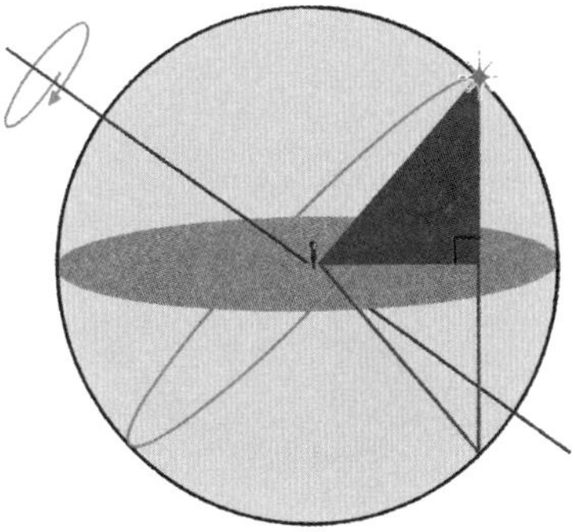

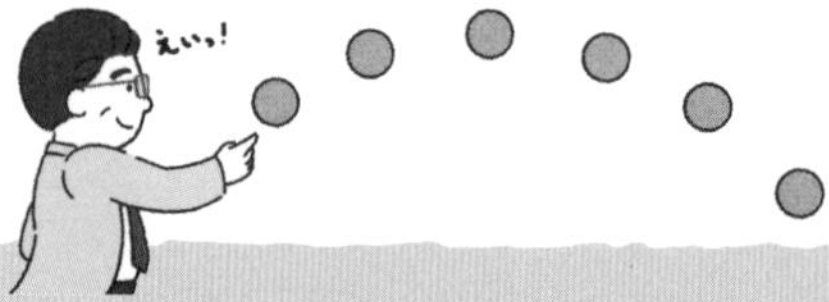

3時間目 ものごとの変化を予測「微分積分」

STEP 1

微分をつかえば変化のようすがわかる!

STEP 2

「微分積分」を使いこなそう

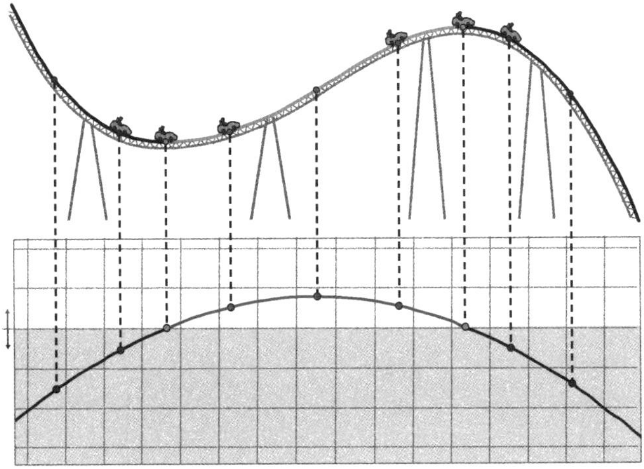

4 時間目 ものごとには法則がある「確率と統計」

STEP 1

ものごとのおこりやすさの数値「確率」

STEP 2

データを正しく読む「統計」

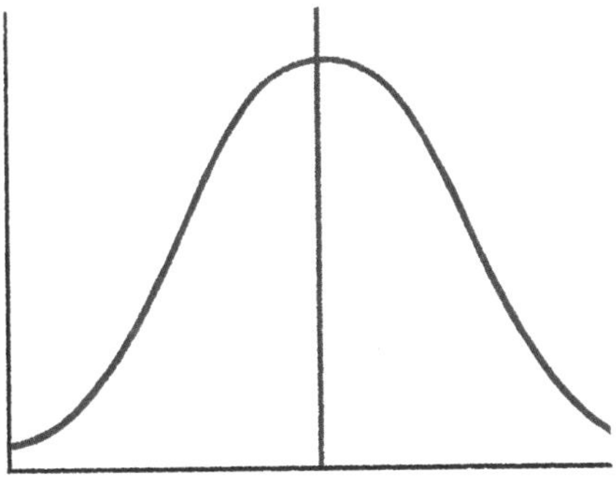

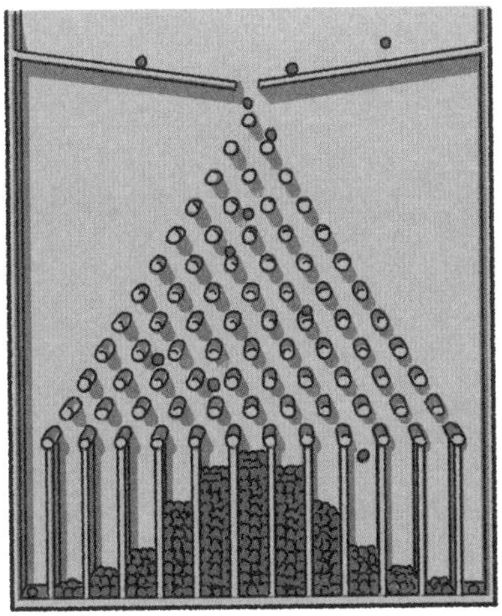

0時間目

中学・高校の数学では何を学ぶのか

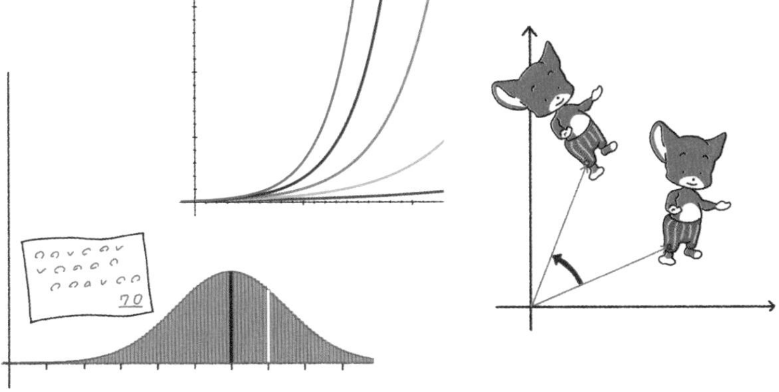

STEP 1

中学・高校の「数学」って何の役に立つの？

指数関数や微分積分……。中学・高校時代に数学が苦手だった人は多いでしょう。しかし中学・高校の数学は，私たちの日常生活に大きく役立っているのです。

日常生活は「数学」で読み解ける

先生，中学や高校で教わった数学って，何かの役に立つんでしょうか!?

おやおや，突然どうしたんですか？

この間上司に怒られたんですよ。「学生からやり直してこい！」って。
それで，受験の苦労を思いだしたんです。私は理系がダメで文系を選んだんですけど，私の志望した大学では，なぜか文系でも入試に数学が必要だったんです。数学がぜんぜん点取れなくて，苦労したんですよ……。
でもですよ，そういえばその割に社会に出てから，微分積分とか1回も使ったことないなあと思いまして。
中学や高校の数学って，一体あれは何のためだったんだろう？
結局，今の仕事には1ミリも関わってこないし，上司には怒られるし……。

ハハハ！　お仕事でいろいろとお疲れなのですね……。
でも，中学と高校で学ぶ数学は，日常生活にきわめて役に立つ学問なんですよ。

ホントですか？　どこにどう関わっているのかまったく見当もつきませんが。

たとえばここ数年，新型コロナウイルス感染症の拡大が，私たちの社会に大きな影響を与えましたね。
そうした感染拡大を伝えるニュースでは，しばしば，感染者の**指数関数的な増加**といった表現が使われていたと思います。

そういえば，聞いたことがあるような。

たとえば，一定速度で走る車の移動距離は，**直線的な増加**を示します。
つまり，経過時間が2倍，3倍とふえるのにしたがって，移動距離も2倍，3倍とふえていきます。

これに対して**指数関数的な増加は，直線的な増加とはくらべものにならないほど激しいものになります。**
コロナ禍がピークだったときの，日々の感染者数の増加を思いだしてみてください。

そうでした。ニュースで，感染者のグラフが1日ごとに1000人とか5000人とかの規模でみるみるうちにふえていくのを見て，恐怖を感じたのを覚えています。

そうでしょう？　これが「指数関数的な増加」です。ただの増加ではなく，**爆発的な増加**をあらわす指数関数の性質を知っていないと，感染症のおそろしさを正しく理解することはできません。
ですから，高校数学で習う指数関数の知識は，私たちの命を守るうえで非常に役に立つといえるのです。

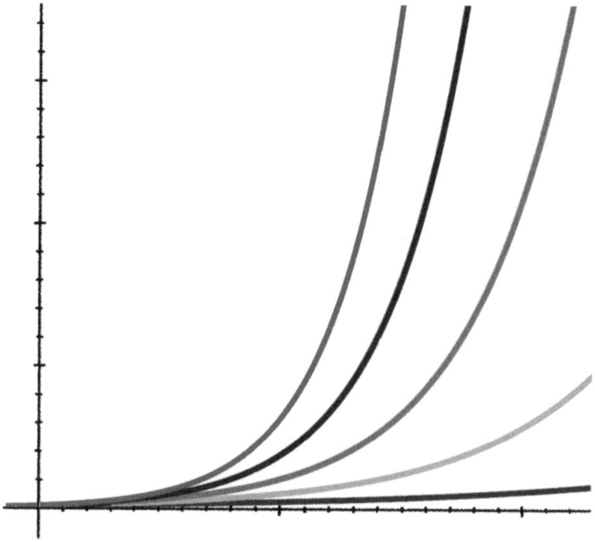

ま，まったく意識していませんでした。しかも「指数関数的な増加」なんて忘れてました！

ほかにもまだまだありますよ。たとえば天気予報で風の分布を表現するときには**ベクトル**が使われます。
また，テレビゲームでコントローラーを動かしてキャラクターを操作するときには，ゲーム機の中でベクトルと**行列**※を使った計算が行われ，その計算結果をもとに画面に映像が出力されています。

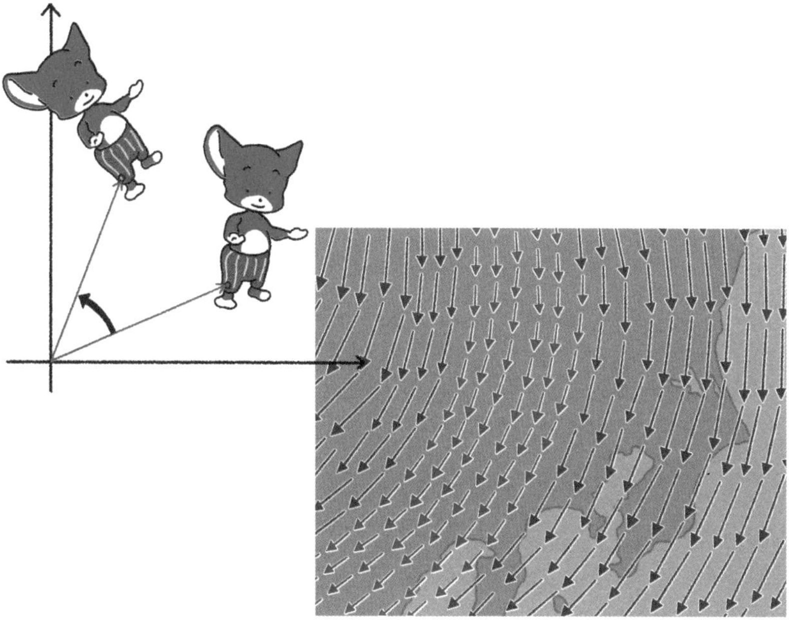

ゲームはよくやりますけど，中学や高校の数学が使われていたんですか！

※：行列は，以前は高校の数学で習いましたが，現在ではくわしくは学ばなくなっています。

そうですよ。
それから，入試で苦労したとおっしゃっていましたけど，受験で学力の指標として広く使われている**偏差値**は，高校の**統計**の単元で習う**標準偏差**をもとに算出されています。

げっ！　偏差値まで。

「偏差値」はすっかり受験の代名詞になってしまいましたが，正しく理解しないと，偏差値イコール勉強ができるかどうかの物差し的な，誤った解釈で終わってしまいます。

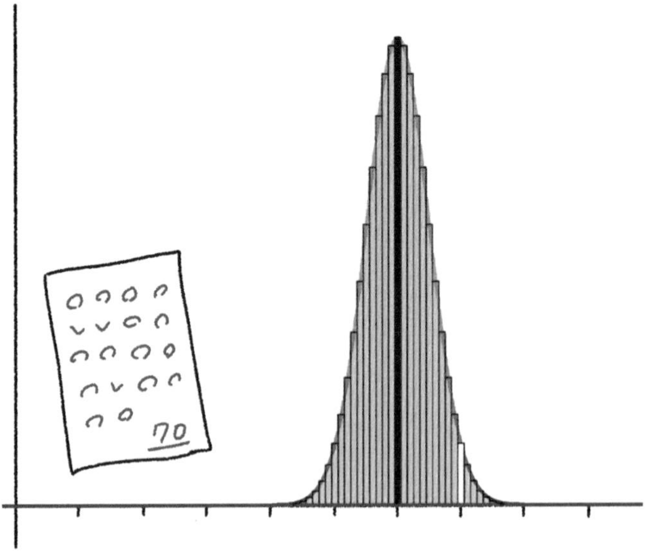

そうなんですね。

もちろん，こうした日常生活に直接関係するものだけではなく，物理学をはじめとする多くの科学にも，数学の知識は不可欠です。
たとえば物体の運動の法則をはじめとする自然界の物理法則の多くは，**微分**を使ってあらわされています。
微分と，その対になる**積分**の知識は，自然界のしくみを解き明かすのに必要なものだといえます。

ビセキですか……。これもむずかしかったなあ。
微分積分は，日常生活に限らず専門分野でも活躍するものなんですね。

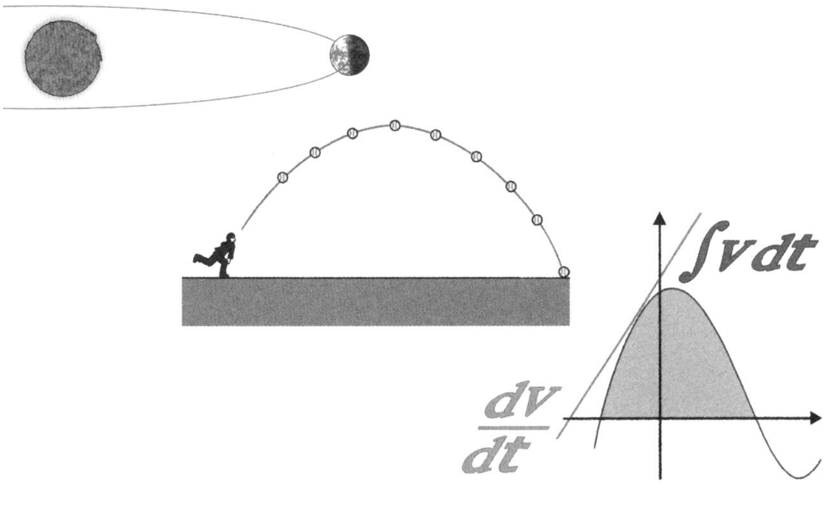

そうですね。まあ，ざっとですが，このように**中学・高校で学ぶ数学は，日常生活や研究には欠かせない要素が詰まっているんです。**

そうだったんですね。
そうとわかっていれば，もうちょっと熱心に勉強したのになあ。何だかちょっと損した気分です。
先生，中学・高校の数学について，もっとよく知りたくなってきました。今さらかもしれないですけど，苦手だった微分積分や関数に**再チャレンジ**してみたいです！

おっ，いいですねえ！　今さらなんてことはありませんよ。人生一生勉強ですからね！
じゃあこれから，中学・高校の数学を振り返ってみましょうか。とはいえ，全部は網羅しきれませんので，その中から重要なものや，難解でつまずきやすいものをピックアップして，わかりやすく解説していきましょう。
もちろん，それらが**「一体何に役立つのか」**についても，くわしくお話ししますよ。
受験のためではなく数学のもつ魅力をより深く知ることで，きっと数学を「面白い！」と感じられるでしょう。

本当ですか。

中学・高校で学ぶ数学の分野

まず，中学・高校で学ぶ数学にはどのようなものがあるのかをまとめてみましょう。
数学はひとことでいうと，数や量，図形などの性質を探る学問です。

そうお聞きするとシンプルなんですけどねぇ。

フフフ，そうですね。
中学の数学では，「数と式」「図形」「関数」「データの活用」「数学的活動」の五つの分野に分けて学びます。
中学の数学は，より高度な高校数学を学ぶための基礎となるものといえるでしょう。

なるほど。高校数学へとつながっているんですね。
そう考えると，すでに小学校の算数からつながっているわけですか。

そうですね。新しいカリキュラムでは，高校の数学は，「数学Ⅰ」「数学Ⅱ」「数学Ⅲ」「数学A」「数学B」「数学C」の六つの科目に分かれています。
カリキュラムが新しいものに変わる時期なので，高校では，どの科目のどの内容を学ぶのかは，人によってことなります。

指導要領も，時代とともに少しずつ変わっていくのですね。

高校の数学は，数学的な見方や考え方をはたらかせ，数学的な活動を通して，数学的に考える資質や能力を身につけることが目標です。

なるほど。当時は数学を学ぶ目的や意図なんて考えてなかったなあ。
なんだか数学って，学ぶ前から**むずかしい**っていうイメージがあって。

次のページの表は，中学と高校で学ぶ数学の内容を一つにまとめたものです。
表の上段にあるのが中学で学ぶ内容，表の下段にあるのが，高校で学ぶ内容です。

こんなにたくさんあったのか！
でも逆に考えると，こんなに多くのことを学んできたんですねえ。すごいなあ，自分。でも，ほぼ記憶にないのが残念です……。

まあまあ，ガッカリしないでください。ここから，またあらためて学び直しましょう。
中学と高校の数学の中で，とくにつまずきやすいといわれている単元を取り上げて見ていきますからね。
実際に，そこでつまずいて数学からはなれてしまう人も多いんですよ。

よーし！　がんばって数学ともう一度向き合ってみます！
先生，**よろしくお願いします！**

中学と高校の数学で学ぶ内容

	A. 数と式	B. 図形	C. 関数	D. データの活用	E. 数学的活動
中学1年	・正の数・負の数 ・文字を用いた式 ・一元一次方程式（比例式）	・平面図形 ・空間図形	・比例，反比例 ・グラフ	・データの分布の傾向	・日常の事象や社会の事象を数理的にとらえ，問題を解決する。 ・数学の事象から問題を見いだし，解決したり，問題の解決の過程や結果を振り返り，考察する。 ・数学的な表現を用いて論理的に説明し，伝える。 など
中学2年	・文字を用いた式の四則計算 ・連立二元一次方程式	・基本的な平面図形と平行線の性質 ・図形の合同	・一次関数	・データの分布の比較 ・場合の数をもとにして得られる確率	
中学3年	・平方根 ・式の展開と因数分解 ・二次方程式	・図形の相似 ・円周角と中心角 ・三平方の定理	・関数 $y=ax^2$	・標本調査	
高校数学Ⅰ	・数と式	・図形と計量	・二次関数	・データの分析	
高校数学A		・図形の性質		・場合の数と確率	・数学と人間の活動
高校数学Ⅱ	・いろいろな式	・図形と方程式	・指数関数・対数関数 ・三角関数 ・微分・積分の考え		
高校数学B	・数列			・統計的な推測	・数学と社会生活
高校数学Ⅲ			・極限 ・微分法 ・積分法		
高校数学C	・ベクトル ・平面上の曲線と複素数平面				・数学的な表現の工夫

注：表は，2022年4月に開始された学習指導要領にもとづいたもの。高校の数学Aは，数学Ⅰと並行して学ぶか，数学Ⅰのあとに学ぶ。数学BとCは，数学Ⅰのあとに学ぶ。

1
時間目

中高数学に登場する
いろいろな「数」

STEP 1

「数」を理解しよう

0よりも小さい「負の数」から，二乗するとマイナスになる「虚数」まで，中学や高校の数学ではいろいろな数が登場します。まず，中高数学の「数」の理解からはじめましょう。

イメージしづらい「負の数」

ではさっそくはじめましょう。中学や高校では，さまざまな数が登場します。まずは中高数学で学ぶ**数**について，理解を深めておきましょう。

「数」についてですか……。深く考えたことなかったなあ。

ちょっとさかのぼりますが，小学校では，1個2個と順番に物を数えるための数からはじまります。**自然数**といわれるものですね。

はい。数といって最初に浮かぶのは，それですねぇ。

それから，自然数を足したり，かけたり割ったりという計算の中で，**小数**や**分数**が登場します。

小数点とか，分子とか分母であらわす数ですね。

はい。少し複雑にはなりますが，これらは基本的にはゼロよりも大きい数（正の数）で，これらの数が登場したおかげで，1個，2個と物の**個数**を数えるだけでなく，体積や距離など，**量**を測ることが可能になったわけです。

そうですね。なるほど～。

このように，**数とはもともと，物を数えるために生みだされたものでした。**私たちは「3個のみかん」とか「リンゴ$\frac{1}{2}$個」「100ミリリットルの水」というと，すぐにイメージすることができますよね。

「数」というものは，物を数えるときに使うものなんですね！

ストップ！　では，「マイナス」はどうでしょう。
たとえば，「マイナス１本のバナナ」とか「マイナス３個のリンゴ」はイメージできますか？

あっ！　ぜんぜんイメージできない。

ですよね。中学校で最初に登場する新しい数の概念が，このマイナスであらわされる**負の数**です。
今，マイナス１本のバナナがイメージできなかったように，負の数はほとんどの文明で，長い間，数としてあつかわれてきませんでした。先ほどお話ししたように，数はもともと物を数えるために生みだされたものです。ですから，昔の人々は負の数を受け入れるのにとても苦労したようです。

たしかに。「マイナス１本のバナナ」だなんて，そこにない物の数を数えるなんて変ですね。物の数を数えようとすると意味不明になってしまいますね。

そうなんですよ。
一方で，古くからマイナスの概念を使っていたのは，**中国文明**です。中国では**算木《さんぼく》**とよばれる棒状の計算道具が用いられており，算木の赤い棒は正の数，黒い棒は負の数をあらわしていたのです。

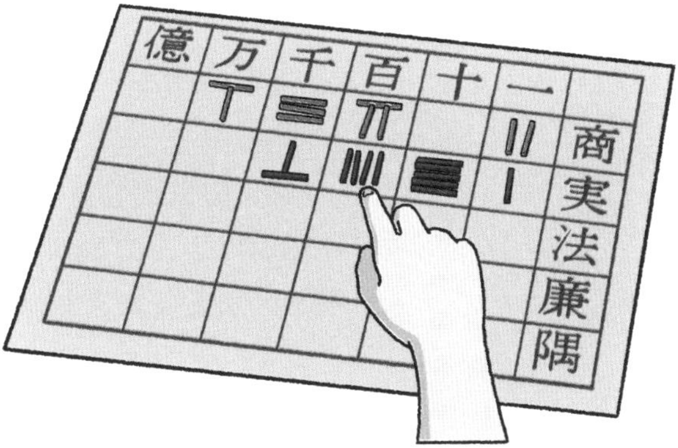

負の数が認められたのは，中国文明ですか。

いいえ，マイナスの数の概念はあったものの，中国でも最終的な答えとして負の数が出てくることはなかったようです。実際に負の数を本格的な数として導入したのは，7世紀ごろの**インド**でした。
インドでは，負債をあらわすときに負の数を使用していたようです。

なるほど負債ですか。今の経済と同じようなとらえ方をしていたんですね。インドって，すごい！

ちなみに，数字の**0**（ゼロ）の概念を生みだしたのもインドなんですよ。
インドで発明された負の数は，ゼロの概念とともにアラビアを経由してヨーロッパへと伝えられました。
ところがヨーロッパでは，負の数はなかなか認められませんでした。なぜなら，さっきお話ししたように，数とは物を数えるために生まれたものだったからです。

「マイナス１本？　なんじゃそりゃ？」ってわけですね。

そうです。17世紀フランスの偉大な哲学者・数学者**ルネ・デカルト**（1596～1650）も，方程式の負の解を「偽の解」とよんで，正の解と区別していました。

ルネ・デカルト
（1596～1650）

えっ，17世紀になってもまだ認められてなかったんですか？
それにデカルトって，「我思う，ゆえに我あり」の人ですよね。そんな偉大な学者ですら，マイナスの数は受け入れられなかったわけですか。

そうなんですよ。負の数は，いわば「物を数えるためのもの」という，数の概念をこえるものだったわけですから。

そうですね。負の数は，いったいどうやって受け入れられるようになったんですか？

負の数は，数直線上で0をこえたところにある，と考えるとイメージしやすいのです。
たとえば，温度計で1℃から5℃気温が下がると－4℃になりますね。これは自然にイメージできるでしょう？

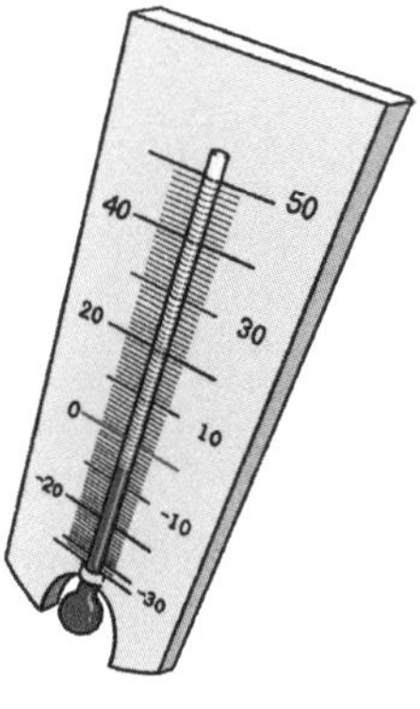

個数を数えるのでなければ自然ですね。

このように，**数直線**を使って，負の数を目に見えるようえがいて示せるようになったことで，その考え方が徐々に広まっていったのです。

マイナスの数では過去をあらわせる

たしかに，中学生で負の数が出てきたときに，ちょっととまどったのを思いだしました。
それに，計算も何だかややこしいじゃないですか。**「負（マイナス）×負（マイナス）＝正（プラス）」**になるとか……。
当時は機械的に覚えましたけど，どうして「負×負＝正」になるのか，その理由が今でもよくわかりません。

そう，負の数は，中学の数学での最初のつまずきになりやすいのです。
ではここで，なぜ「負×負＝正」になるのかを考えてみましょう。

15年ごしの疑問が明らかになるのですね！

ふふふ，そうですね。
まず，**「速度×時間＝距離」**を使って，負の数のかけ算を考えてみましょう。次のイラストを見てください。
イラストのように右方向を正の方向とします。そして速度が秒速3メートルの車が，1秒後には3メートル右に進んでいます。
これを「速度×時間＝距離」にあてはめると「3×1＝3」（正×正＝正）となります（①）。

なるほど。その通りです。

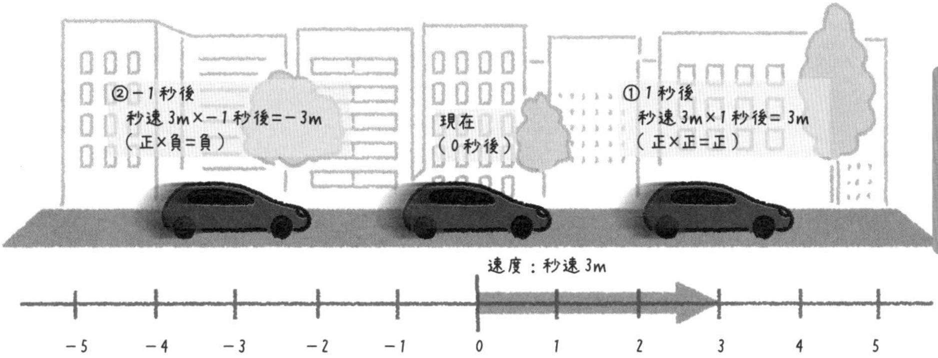

正の方向に進む車（秒速3m）

次に，こう考えてみましょう。
この車は1秒前には3メートル左にいたはずです。
1秒前を「−1秒後」，3メートル左を「−3メートル右」と考えて，「速度×時間＝距離」にあてはめると，どうなりますか？

ええと，「3×（−1）＝−3」ですね。
あっ！　−3メートルになった。
「正×負＝負」だ。なるほどそういうことか（上のイラストの②）！

じゃあ今度は，左に秒速3メートルで進んでいる車を考えましょう。
次のページのイラストを見てください。
この車は右に「秒速−3メートル」の速度で動いている，といえます。

ということは，1秒後には3メートル左に進んでいますから，「速度×時間＝距離」にあてはめると「(－3)×1＝－3」となります。ここから**負×正＝負**だとわかります(③)。

さっきと同じだ。

そうです。また，この車は，1秒前には3メートル右にいたはずです。
これを「速度×時間＝距離」にあてはめると，「(－3)×(－1)＝3」となります。
ここから「負×負＝正」だとわかります(④)。
つまり，0を「現在」とするなら，マイナスは「過去」をあらわしているわけなんです。

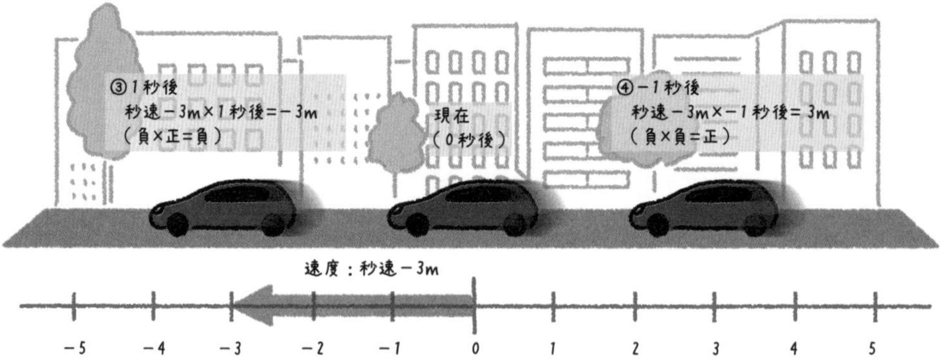

負の方向に進む車（秒速3m）

そういえば，「数直線を使って負の数をえがいて示せるようになって，負の数の考え方が広がった」というお話でしたね！

その通りです。この例を見れば，よくわかるでしょう？**このように具体的な例をもとに負のかけ算の意味を理解したうえで，「負×負＝正」などを「数学のルール」として覚えるといいでしょう。**

な～るほど！　公式や法則を意味もわからずに丸覚えするんじゃなくて，まずは意味を理解してから覚えることがポイントなんですね。

そうです。**「負×負＝正」というルールは，上に述べた「速度×時間＝距離」といった物体の運動だけでなく，あらゆる場面に適用が可能で，応用範囲が広いのです。**そのため，数学では「負×負＝正」というルールを採用しているのだといえます。

ポイント！

負の数は過去をあらわす

負の数のかけ算ルール

正×正＝正

負×負＝正

負×正＝負

正×負＝負

マイナスをかけ算すると180度回転できる

もう一つ，負の数を理解するうえでおすすめの考え方として，「－１のかけ算」についてご紹介しましょう。
結論からいうと，**「－１のかけ算は，数直線上で元の数を，原点（０）を中心に180度回転させること」と考えることができます。**

え？　180度パタンと折り返すということですか？

はい。たとえば，３×（－１）は－３ですよね。
これを「0を中心に180度回転させること」にもとづくと，下のイラストのようになります。

A. $3\times(-1)=-3$

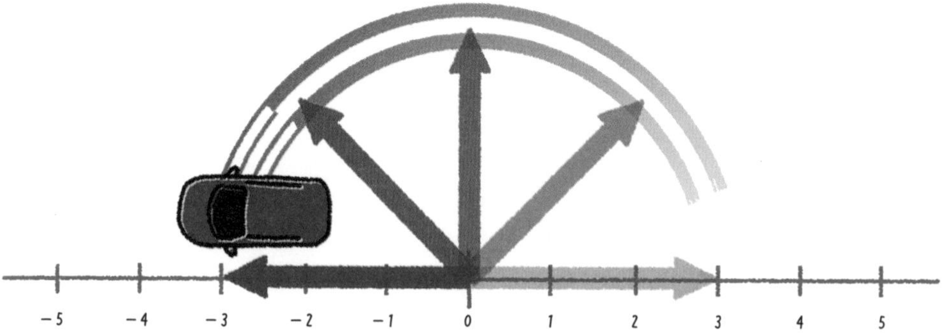

0を中心に180度回転させると，３×（－１）は－３のところにきますね！

そうでしょう。
同様に，(－3)×(－1)は3ですから，さっきとは反対になります。

B. (−3)×(−1)＝3

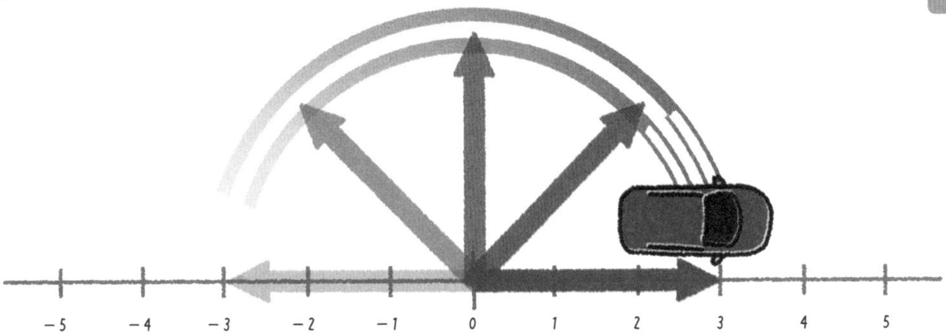

(－3)×(－1)は＋3のところにきますね。それぞれ，0を起点に反対側に折り返される！
なるほど〜。
負の数のかけ算をするときは，このイラストを思い浮かべればいいですね。
たしかに，負の数は数直線で考えるとわかりやすいですねえ。

ポイント！

－1のかけ算は，数直線上で元の数を，原点（0）を中心に折り返すと考えることができる。

普通の数字じゃ無理！　「無理数」

さてここで，小学校から学んだ分も含め，「数」の分類を整理しておきましょう。

数の分類，ですか。

はい。まず，先ほども触れましたが，物の個数を数えるために考えだされた**自然数**がありますね。

自然数
1, 2, 3……

※0も自然数に入れることもありますが，
ここでは1, 2, 3……を自然数とします。

1個，2個と数えるものですね。

はい。そして**ゼロ**，自然数に－の符号をつけてあらわす**負の数**があります。これら自然数，ゼロ，負の数を合わせた数全体を**整数**といいます。

整数

自然数
1, 2, 3……

-3　0

整数，名前は知ってます。

それから，自然数どうしで割り算を行うと，余りが出てしまう場合がありますよね。たとえば1÷3とか，3÷7とか。
このように，自然数では答えが出せない数は，**分数**であらわします。

$\frac{1}{3}$とか$\frac{3}{7}$とかですね。

そうです。このように，分母と分子を整数であらわすことのできる数を**有理数**とよびます。

有理数か……。
先生，**小数**もありますよね。小数も有理数の仲間ですか？

おっ，いい質問ですね。
小数は，小数の「種類」によって事情が変わってくるのです。

小数の種類？　そんなのあったっけな……。

はい。まず小数は，小数部分が有限なものと，無限なものとがあります。
たとえば1.5とか3.75などは，それぞれ最後の位が5で終わっていますね（有限）。
このような有限な小数は，$1.5=\frac{5}{2}$，$3.75=\frac{15}{4}$などと，分子と分母が整数の分数であらわすことができます。
ですから，**有限小数は有理数です。**

なるほど。

一方で，たとえば0.3333333……とか0.428571428571428571……などのように，小数点以下が無限に続く小数もありますよね。
このような小数を**無限小数**といいます。

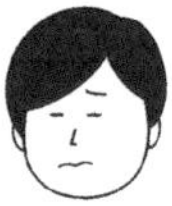

小数って有限小数と無限小数って名前がちゃんとあったのか……。

そうですよ。さらに！
無限小数をよく見ると，たとえば0.3333333……は，小数点以下に「3」が無限に続いています。また，0.428571428571428571……は，「428571」の数字の列が無限にくりかえされていることがわかります。
このように，小数点以下に**同じ数字や数字の列**が無限に続くような小数を**循環小数**いいます。
循環小数は一見割り切れないように見えますが，分数に直すことが可能です。
ですから，**循環小数も有理数になります。**

memo

循環小数を分数であらわす

$x = 0.3333333\cdots\cdots$

桁をそろえる

$10x = 3.3333333\cdots\cdots$

循環している部分を消す（引き算する）

$$
\begin{array}{r}
10x = 3.3333333\cdots\cdots \\
x = 0.3333333\cdots\cdots \\
\hline
9x = 3 \\
x = \dfrac{1}{2}
\end{array}
$$

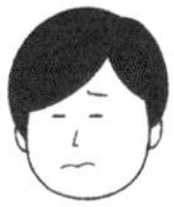

なるほど。ええと，小数は，有限小数と無限小数があって，有限小数は有理数，無限小数は循環小数であれば有理数ということか。

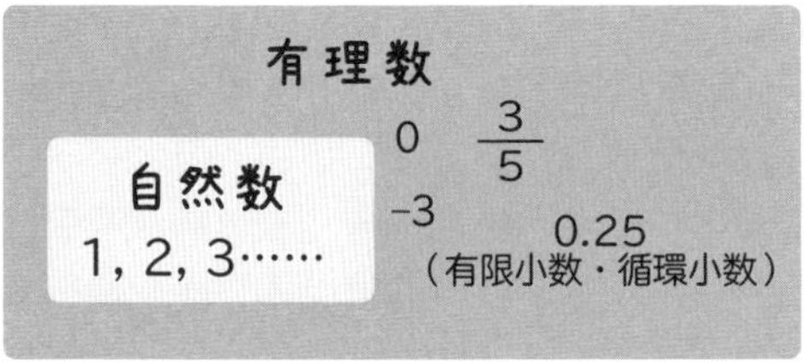

先生，素朴な疑問なんですが。「無限小数は循環小数であれば有理数」ってことは，循環しない小数もあるってことですか。そんな小数ありましたっけ？

めちゃくちゃいい質問！
そうなんです。**中学数学では，循環しない小数，すなわち分数ではあらわすことができない数が登場するのです。**
たとえば円周率 π は，3.14159265358……と，循環せずにずっと続きます。
それから，２回かけ算すると２になる数 $\sqrt{2}$（＝1.14142……）や，黄金比（＝1.6180……）なども小数点以下が循環せずに，終わりなく続きます。

黄金比 ϕ ＝ 1.6180339887
4989484820
4586834365.....

$\sqrt{2}$

＝

1.41421 35623 73095 04880
16887 24209 69807 85696
71875 37694 80731 76679
73799 07324 78462 10703
88503 87534 32764 15727
35013 84623 09122 97024
92483 60558 50737 21264.....

π 円周率

＝

3.14159 26535 89793 23846
26433 83279 50288 41971
69399 37510 58209 74944
59230 78164 06286 20899
86280 34825 34211 70679
82148 08651 32823 06647
09384 46095 50582 23172.....

円周率か～！　$\sqrt{2}$ は，「一夜一夜に人見頃……」って語呂合わせだけは覚えてます。

そうでしょう。**これらのように，循環しない小数は，分子と分母が整数のかたちの分数であらわすことはできません。**このような数を**無理数**といいます。
無理数は小数を使ってあらわすと，小数部分が循環することなく，無限に続きます。

分数であらわすのは**ムリ！**　ってわけですね。

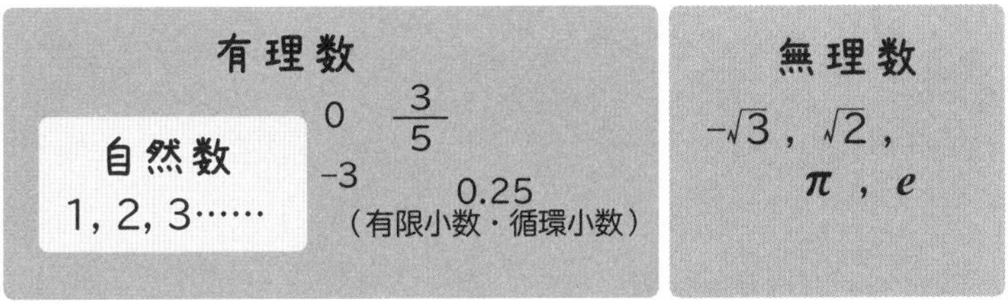

「無理数」はありふれた図形の中にかくれている

少し面倒そうな印象を受けるかもしれませんが，無理数は特別な数というわけではありません。
正方形というありふれた図形の中にもかくれていて，そこから発見されたのですよ。

どういうことですか？

ピタゴラスの定理もしくは**三平方の定理**は覚えているでしょうか。
紀元前6世紀の数学者**ピタゴラス**（紀元前582年ごろ～紀元前496年ごろ）が発見したといわれているものです。

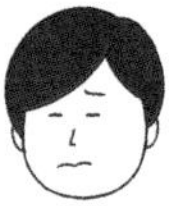

名称は知っていますが，どんな定理でしたっけ……。

ピタゴラスが最初に発見したかどうかについては諸説あるようですが，それはさておき，**ピタゴラスの定理（三平方の定理）とは，直角三角形の2辺の長さがわかれば残りの1辺の長さがわかるという，直角三角形の辺の長さに関する定理です。**

ああ，思いだしました！

memo

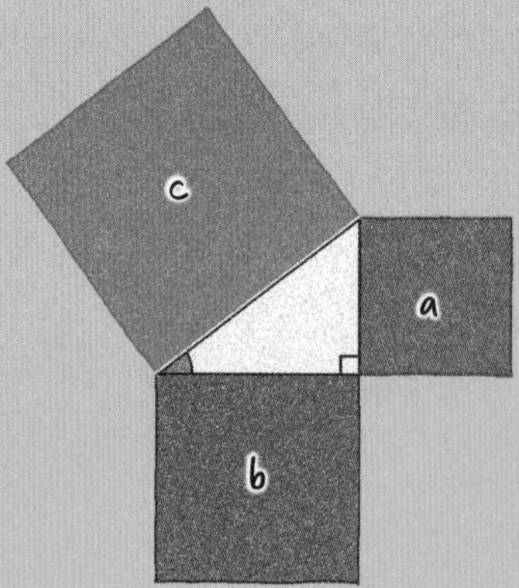

ピタゴラスの定理

$a^2 + b^2 = c^2$

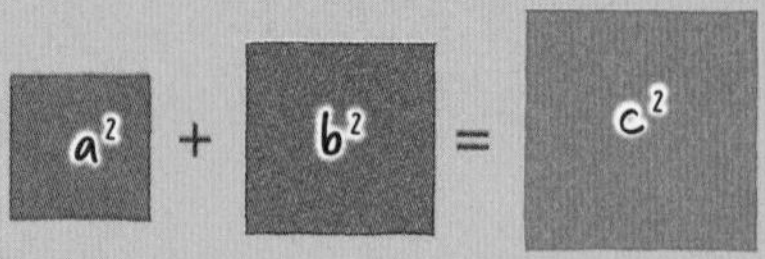

たとえば次のイラストのような三角形の辺cの長さは，ピタゴラスの定理を使えば次のような方法で求めることができます。

$$c^2 = a^2 + b^2$$
$$c^2 = 1 + 1$$
$$c^2 = 2$$

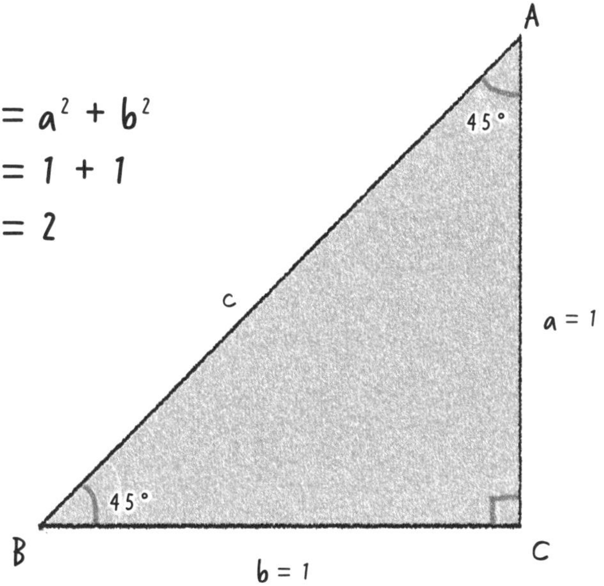

ピタゴラス
（紀元前582年ごろ～紀元前496年ごろ）

cは2乗したら2になる数，つまり先ほどお話しした$\sqrt{2}$です。このように，ピタゴラスの定理を発見する過程で，分数であらわすことのできない数が存在することが判明したわけなんです。

無理数は，ピタゴラスが発見したわけですか……。

いや，実は無理数が存在することを発見したのは，ピタゴラスの弟子の**ヒッパソス**だといわれています。というのは，ピタゴラス本人は自然数を神聖なものとして崇拝しており，「あらゆる数は自然数の比(分数)，つまり有理数であらわせる」と考えていたのです。

自然数を崇拝って……。ピタゴラスにとって有理数は**神**のような存在だったわけですか。

そうですね。ですから，ピタゴラスはヒッパソスが無理数を発見したとき，無理数の存在がもれるのを防ぐために，ヒッパソスを処刑したといういい伝えも残っているのです。

処刑〜!?

有理数が神のような存在とはいえ，いくら何でもやりすぎでしょう！

ところで無理数ってやはり特別な数なんですか？　$\sqrt{2}$ や円周率，黄金比以外にもあるんですか？

特別だなんてとんでもない！

無理数は無数にあります。有理数と無理数の数をくらべると，無理数のほうが，ある意味で，圧倒的にたくさんあることが知られているんです。

そうなんですね!?

数直線上には存在しない数「虚数」

さて，有理数と無理数についてお話ししました。
これらの数をすべて含めたもの，つまり「有理数」と「無理数」を合わせたものを**実数**といいます。

ふう。これが数のすべて，ということですか。

フフフ……。これがすべて，といいたいところなのですが，高校数学ではもっとすごい数が登場してきます。
ズバリ，実数以外の数，**虚数**です。

虚数！　「実数以外の数」なんて習ったっけ……。

あらためてご紹介しましょう。**虚数は「2乗しても0以上にならない数」のことです。**なお，2乗というのは，同じ数を2回かけあわせるという意味です。
虚数をあらわす単位として i が用いられ，$i=\sqrt{-1}$ という式であらわします。i を2乗すると，－1になります。
高校の数学において最もつまずきやすいポイントの一つが，この虚数といえるでしょう。

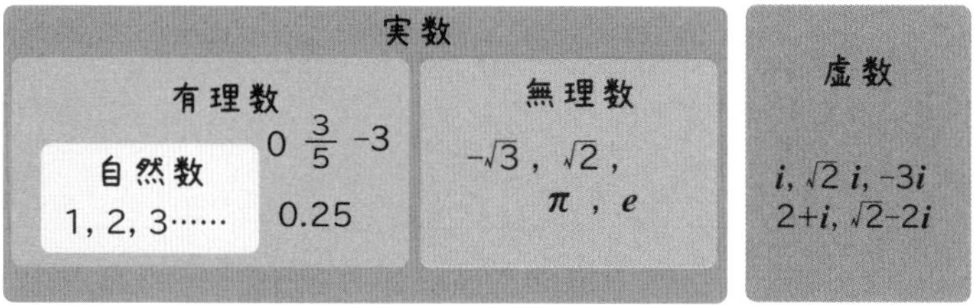

ポイント！

虚数：2乗しても，0以上にならない数。
虚数単位i：2乗すると−1となる数。

$$i^2 = -1$$
$$i = \sqrt{-1}$$

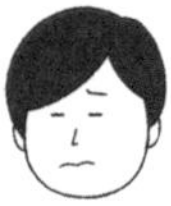

うう……。
2乗すると負になるなんて，今あらためて聞いても困惑してしまいますよ。
普通の数は，「正×正＝正」だし，「負×負＝正」ですから，2乗して負になる数が存在するなんて考えられません。

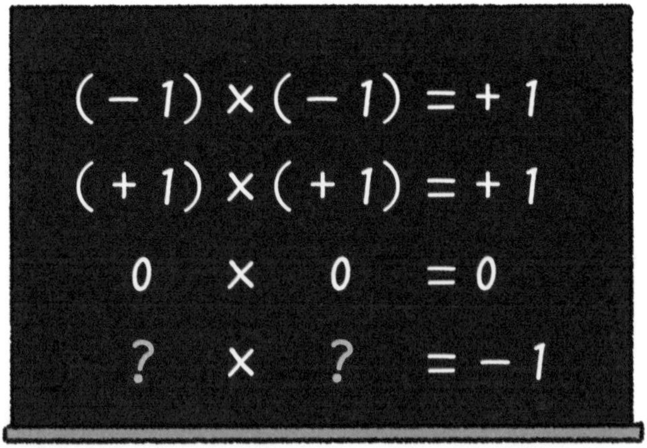

そうですよね。たしかに普通の数の中には，2乗して負になる数などありません。

虚数の「虚」は，「むなしい」とか「空っぽ」とか「うそ」といった意味があります。虚数はその名の通り，あたかも存在しないような数なんです。

ありえない数ってわけですね。

そうですね。数直線で考えると，実数はすべて数直線上で指し示すことができます。つまり，どんな実数でも，数直線上のどこかにあるわけです。
しかし虚数は，数直線上にはない数なんですね。

うーむ。「ありえない」ところからすでにハードルが高いですね。ちなみに，虚数って誰が考えたんですか？

虚数が初めて登場したのは，16世紀のイタリアの数学者**ジローラモ・カルダノ**（1501〜1576）が著した**アルス・マグナ**という数学の本の中でした。

ジローラモ・カルダノ
（1501〜1576）

そこに，**「足して10，かけて40になる二つの数を求めよ」**という問題が記されていました。
この答えを出すためには「$25-x^2=40$」という式が導かれるのですが，xにはどんな数もあてはまりません。

だって，xにどんな数を入れてもx^2はプラスになるわけですから，$25-x^2$は，25よりも小さくなるはずですよね。どうやっても40にはならないでしょう。

そうですよね。しかし，『アルス・マグナ』には，この解き方が記してあり，カルダノはこの解を，$5+\sqrt{-15}$，$5-\sqrt{-15}$という，**負の平方根**を使って示したのです。これが「虚数」の誕生というわけです。
つまりカルダノは，虚数をもちだせば，本来は「解なし」とされる問題でも答えを出すことができることを示したんです。（53ページ参照）。

答えのない問題に答えが出せるようになったわけですか。

そうですね。その後，この負の平方根はいろいろな数学者たちによって研究され，次第に広がっていくのですが，すんなりと受け入れられたわけではありませんでした。
フランスの哲学者で数学者の**ルネ・デカルト**（1596〜1650）は否定的で，この負の平方根を**想像上の数（imaginary number）**とよびました。

でしょうねえ……。

一方で，虚数を肯定的にとらえた人物もいました，その中で特筆すべきはスイスの数学者レオンハルト・オイラー（1707 ～ 1783）です。
オイラーは，虚数がもつ重要な性質を天才的な計算能力で解き明かしました。**オイラーは，「2乗すると－1になる数」，すなわち$\sqrt{-1}$を虚数単位と定め，デカルトがよんだ「imaginary number」の頭文字であるiという記号であらわしたのです。**

レオンハルト・オイラー
（1707 ～ 1783）

へええ～！　面白いですね。否定派だったデカルトが発した言葉が虚数の語源だったなんて。
……でも先生，極論なんですが，「存在しない数」って，そもそも意味があるんですか？

フフフ。よく考えてみてください。じゃあ，実数は身のまわりに存在していますか？

へ？　だって「バナナが１本」とか，「みかんが５個」とか，実際に使っているじゃないですか。

それは，バナナやみかんがもっている大きさ，甘さ，傷の有無などの“個性”を無視して，１個，２個と勝手に数えているだけの話ではありませんか？
「バナナが１本」とか，「みかんが５個」というとき，そこにバナナやみかんは存在します。しかし，「１」や「５」という数は，バナナやみかんの存在を示していますが，数そのものが存在しているわけではありません。

たしかにそうですが……。

そもそも「数」とは，身のまわりの現象を記述するために人間が頭の中でつくりだした抽象的なもので，数そのものが実在しているわけではないんです。
ですから，虚数を「存在しない数」と，いちがいにとらえてしまうと，数学の理解をさまたげることになってしまうのですよ。

目からウロコですね。実数も虚数も，本質的には同じというわけですか。

その通りです。しかも虚数は今や，科学になくてはならない道具なんですよ。「２乗して負になる数」を用いるととても便利なので，数学者や科学者は虚数を数として受け入れているんです。

中高数学を理解するには，数に対する認識も大事なポイントですね。

発展！

カルダノの問題とその解き方

問題

足して 10，かけて 40 になる二つの数を求めよ

解き方

「5 より x だけ大きな数」と「5 より x だけ小さな数」の組み合わせで，かけて 40 になる数を探す。二つの数を $(5+x)$，$(5-x)$ と置けば，

$$(5+x)\times(5-x)=40$$

中学校で習う公式 $(a+b)\times(a-b)=a^2-b^2$ を使って左辺を変形すると，

$$5^2-x^2=40$$

$5^2=25$ なので

$$25-x^2=40$$

移項すると

$$x^2=-15$$

x は「2 乗して -15 になる数」となります。カルダノは「2 乗して -15 になる数」を今の記号で「$\sqrt{-15}$」と書きました。そして，「5 より x だけ大きな数」と「5 より x だけ小さい数」の組み合わせである，「$5+\sqrt{-15}$」と「$5-\sqrt{-15}$」を，問題の答えとして本に記しました。

答え

二つの数は，

$$5+\sqrt{-15} \text{ と } 5-\sqrt{-15}$$

この答えは『アルス・マグナ』には当時の記号で次のように書かれています。

5 p:℞m:15

5 m:℞m:15

虚数は2次元の数!?

虚数について少しわかっていただけたでしょうか。虚数について，もう少し理解を深めていきましょう。
先ほど，実数はすべて，数直線上の点として指し示すことができるとお話ししましたね。ということは，実数は1次元（線）の数だと考えることができます。
一方で，数直線上ではあらわすことができない虚数は，どのように指し示すことができるでしょうか。

うーん……。どうすればいいんだろう。

1次元ではあらわせませんから，数直線上ではなく，2次元（平面）で虚数を考えてみましょう。

平面上の数～!?

はい。水平に置いた数直線を考えてみてください。実数は，この数直線のどこかにあるわけです。
この水平の数直線に垂直な，もう一つの数直線を置きます。すると，この二つの数直線で，虚数をあらわすことができるようになるんです。

なかなかイメージが追いつきません……。

次のページの図を見てください。＋1や－1の矢印と同じ長さをもち，原点から真上に向かう矢印をえがきます。これがiをあらわす矢印です。

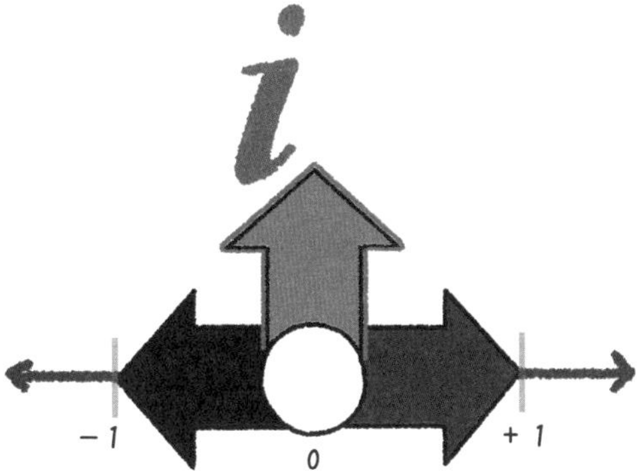

あとは，長さを変えることで，$2i$や$3i$など，さまざまな虚数をあらわすことができます。
また，$-i$も同様に，原点から真下に向かう矢印であらわすことができます。

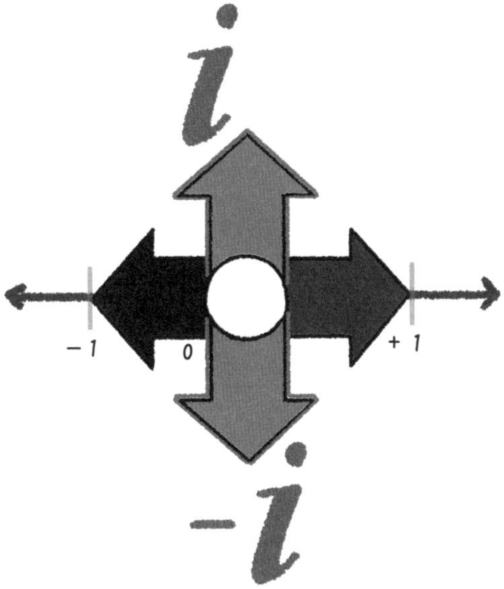

なるほど。これが虚数を平面で考えるということか。
想像の数じゃなくて，ちゃんと視覚化できる！

そうなんです。虚数iや$-i$はこうして視覚化できるようになったことで，急速に受け入れられるようになっていったんです。さらに，ドイツの数学者**カール・フリードリヒ・ガウス**（1777～1855）によって，**複素数**という，新しい数の概念が確立されました。

ふくそすう？

はい。**複素数とは，虚数単位iを使い，「$a+bi$」（a，bは実数）とあらわせる数のことです。つまり実数と虚数が足し合わされてできる数のことですね。**
たとえば，$4+5i$（$=4+5\sqrt{-1}$）という具合です。
このうち，iがついていない実数部分は**実部**，iがついている部分の5を**虚部**といいます。

ポイント！

複素数……「a + bi」（a, bは実数）であらわされる数。

$$a + b\,i$$

a：実部　b：虚部

うう……。実数と虚数を足すなんて。
複素数も平面であらわすことができるんですか？

もちろんです。複素数の場合，実数だけの数直線ではあらわすことができませんから，先ほど紹介した平面を使います。実数をあらわす横軸は**実軸**，横軸（実軸）に直交する縦軸は**虚軸**といいます。
この平面を使うと，先ほどの4＋5iという複素数は，実軸が4，虚軸が5iのところで交差する点であらわすことができます。この平面のことを，**複素平面**や**複素数平面**または**ガウス平面**といいます。

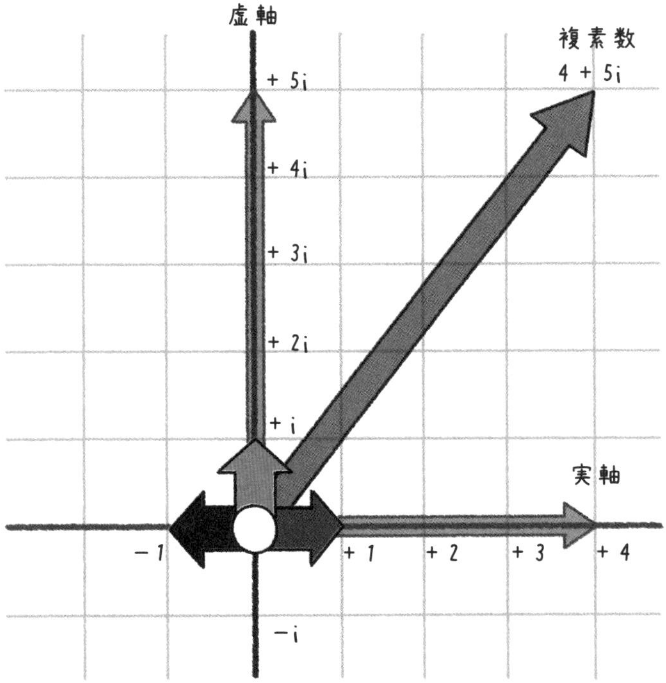

これを使えば，どんな複素数でもあらわすことができますね！

その通りです。また，複素数は，足し算や引き算，かけ算や割り算もできます。
たとえば，複素数$A=5+2i$と複素数$B=1+4i$を**足し算**してみましょう。虚数単位iも，xやyと同じように文字としてあつかうことができるんですよ。

$$
\begin{aligned}
&(5+2i)+(1+4i)\\
&=(5+1)+(2+4)i\\
&=6+6i
\end{aligned}
$$

という具合で，答えは**$6+6i$**になります。
引き算も同様の計算方法です。
この計算を，複素平面を使ってやってみましょう。
次のページのイラストを見てください。
まず，二つの複素数の位置をそれぞれ複素平面上に記し，原点から矢印を引きます（①）。

さっきと同じように，$5+2i$と$1+4i$の位置にですね。

はい。複素数平面では，複素数Aの矢印に複素数Bの矢印を継ぎ足すことで足し算を行うことができます。つまり，複素数Bの矢印を，複素数Aの矢印の先端にくっつければいいのです。継ぎ足した矢印の先端を見ると，実軸が6，虚軸が$6i$の位置，つまり答えは$6+6i$というわけです（②）。

本当だ！　足し算ができた！

ちなみに，**複素数平面上では，矢印は平行移動しても同じものと考えます。**これは重要なルールですので，覚えておいてください。

①

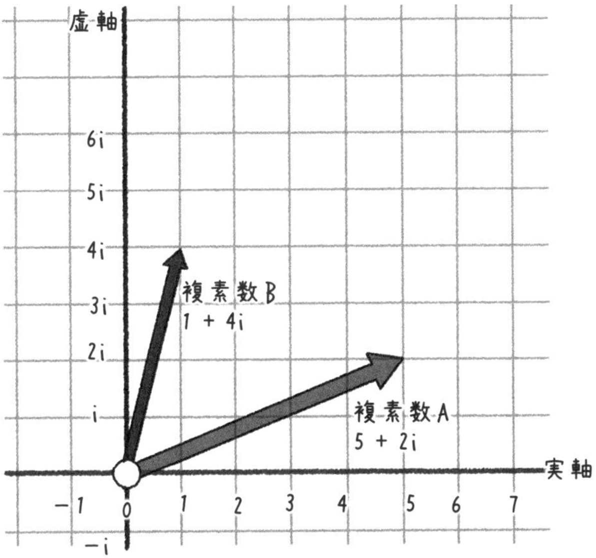
虚軸
6i
5i
4i
3i
2i
i
−i
複素数B
1 + 4i
複素数A
5 + 2i
実軸
−1
0
1
2
3
4
5
6
7

②

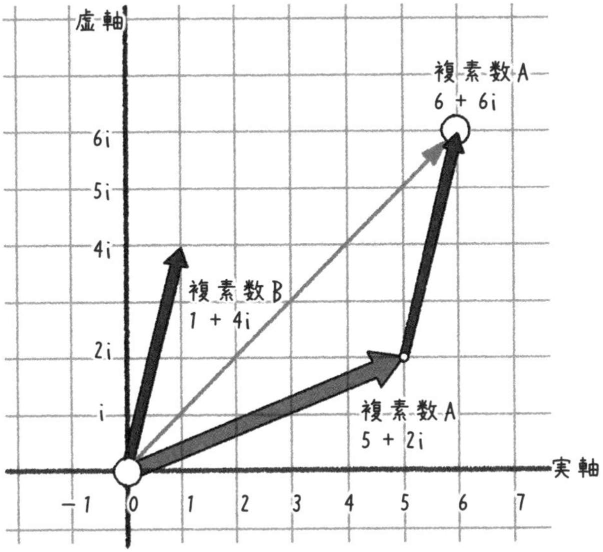
虚軸
複素数A
6 + 6i
6i
5i
4i
2i
i
複素数B
1 + 4i
複素数A
5 + 2i
実軸
−1
0
1
2
3
4
5
6
7

iをかけると90°回転する

負の数のとき，「－1のかけ算は，原点を中心に180°折り返すこと」だとお話ししましたね。
ではiをかけるとどうなるのでしょうか。

見当もつきませんが……。

$1\times i=i$ですよね。iをかけ合わせる計算をくりかえしてみましょう。
1回目は$1\times i=i$ですね。
2回目は$i\times i=i^2=-1$。
3回目は$i^2\times i=-i$。
4回目は$-i\times i=1$。

あ，1。4回目でまた1になりますね。

そうなんです。1にiをかけ算するたびに，$1\rightarrow i\rightarrow -1\rightarrow -i\rightarrow 1$と変化していき，4回かけ算すると元の1に戻るんです。これを複素平面であらわしてみましょう。
次のページのイラストを見てください。

あっ，iをかけるたびに，90°ずつ回転していますね！

その通り！
「iのかけ算は，複素平面上で，原点を中心に反時計回りに90°回転させること」を意味するのです。
これは，1以外の実数にiをかける場合でも同じことです。

1. ＋1にiをかけていくと，反時計まわりに90°回転してi，−1，−iとなる。

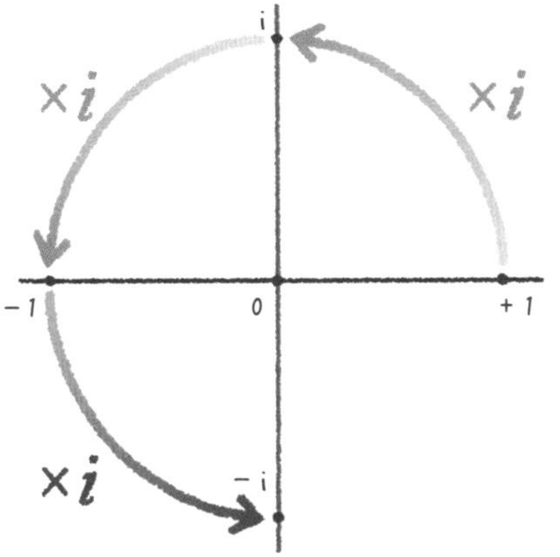

2. −iにiをかけると，反時計まわりに90°回転して＋1になる。

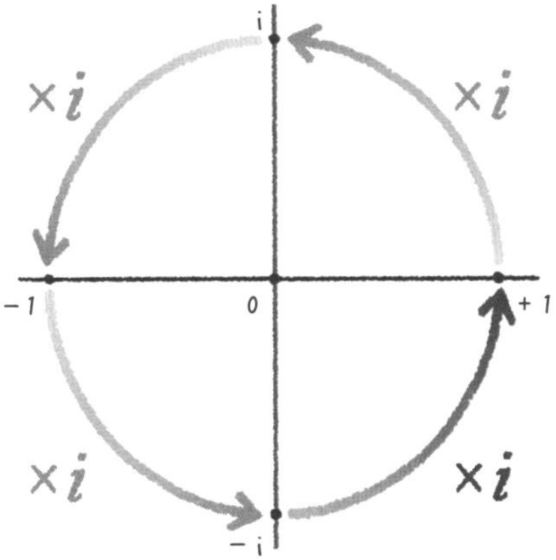

iのもつこの性質を応用すると，図形を回転させる操作などを容易に行うことができます。
複素平面は，図形の回転・拡大を行うような幾何学の分野でも活躍しているんですよ。

STEP 2

計算に役立つ「数」の仲間たち

「数」は，それを使いこなす技術も必要です。ここでは数列やベクトル，行列についてご説明します。私たちの生活にも関連しているこれらの考え方を学びましょう。

利息計算に必須「数列」

ここまで，負の数や虚数といった，中高数学で出合う数の中でもとくに重要なものについてお話ししました。数とは物を数えるためだけのものではなく，さまざまな計算を行いやすくするために，その概念が発展してきたことがお分かりいただけたと思います。

はい。一つ一つ見ていくと面白いですね。当時は受験とかテストとかで頭がいっぱいで，楽しむ余裕があんまりなかったのかも……。

そうかもしれませんね。
STEP2では，「数」を使いこなすために役立つ「数の仲間」をご紹介しましょう。
あなたは**資産運用**には興味がありますか？

以前，上司に株をすすめられたことがありますね。
でも損するといやだし，よくわからないのでやりませんでした。

そうですか。でも，資産運用だけでなく，たとえば今後ご結婚されて，**住宅ローン**などに直面するかもしれませんね。
そのとき，**利息（利率）**を使った計算を行う必要が出てきます。

ああ～。正直，そういうのが面倒なので，結婚にもイマイチ興味がもてないんですよねえ。フッ。相手がいるかいないかはともかく。

ハハハ！　なるほど。では予行演習として，利息計算に必要不可欠な**数列**についてご紹介しましょう。

数列？

数列とは，その名の通り，数を並べた列のことを指します。
そして，それぞれの数のことを**項**，列の最初の数のことを**初項**といいます。

数列

1, 2, 3, 4, 5, 6, 7, 8, 9, 10

初項

1〜10までの数字の列があったとして，それぞれの数字が項で，1が初項というわけですね。

その通りです。
さて，中学高校で習う数列には2種類あります。
たとえば「1，3，5，7，9，11……」の数列にはある法則があります。どんな法則かわかりますか？

前の数に「２」を足していってますね。

正解。この数列の場合，初項「1」に２を足して「３」，それに２を足して「５」となっています。
このように，一定の数を足して次の項を得ていく数列を**等差数列**といいます。そして，等差数列の一定の差のことを**公差**といいます。

差が等しいから等差というわけですね。

では，「1，2，4，8，16，32……」はどうですか？

お，う〜ん。これはかけ算ですね。前の項に「２」をかけていってますね。

その通り！　この数列は，次の数になるたびに値が2倍になっています。
このように一定の数をかけていくことでできる数列を**等比数列**といいます。
等比数列の場合の一定の差のことを**公比**といいます。

ポイント！

等差数列……一定の数を足して次の項を得ていく数列。

等比数列……一定の数をかけて次の項を得ていく数列。

なるほど。でも，この数列のどこが資産運用に大切なんですか？

まあまあ。順を追って見ていきましょう。
ある等比数列があったとします。たとえば先ほどの「1, 2, 4, 8, 16, 32……」という等比数列を考えましょう。初項は1，公比は2です。この数列の初項から10番目，100番目，1000番目の項の値を知りたいと思ったら，どうしますか？

ええ〜！
そんな先の数を!?　どうしましょう。いちいち計算するのは面倒くさいし……。

ところが！　とても便利な公式があるのです。
初項をa_1，公比rの等比数列のn番目の数（一般項）をa_nとすると，一般項は次の式で求めることができます。

等比数列の一般項の公式

$$a_n = a_1 r^{n-1}$$

ありがたい！　これがあれば1000番目の数だってわかりますね。

そうです。先ほどの初項1，公比2の数列の場合，1000番目の数は，1×2^{999}と計算できます。
さて，そこでです。先ほど，数列が資産運用になぜ大切ですかとおっしゃいましたね。
たとえばあなたが**100万円**をもっていたとして，年利20％の**複利**で運用できる金融商品を紹介されたとしましょう。
そんなとき，何年後に元金100万円がいくらになるかが一番のポイントになりますよね。そこで活躍するのが，この等比数列の一般項を求める公式というわけです。

ああ～。なるほど！

年利20％とは，1年後に元金の20％が利息としてつくことを意味します。
また，**複利とは，利息が元金に組み入れられ，それにもとづいて次の年の利息が決まる方式のことです。**

ちなみに，単利の場合は，最初の元金にのみ利息がつきます。よろしいですか？

はい，何とか。

1年ごとの資産額を数列にすると，次のような**初項100**（単位は「万円」），**公比1.2**の**等比数列**になります。「100，120，144，172.8，207.36……」とふえていくわけです。

ふむふむ。

では実際に，たとえば10年後に，あなたの100万円はいくらになっているか，先ほどの式にあてはめてみましょう。

$$100 \times (1.2)^9 = 515.97802$$

というわけで，この商品を購入すると，あなたの100万円は，10年目（9年後）は**約516万円**になることがわかります。ちなみに，20年目には**約3195万円**になっています。このように，何年後にどれだけ資産がふえるか，といった場面で，等比数列の計算の知識がとても役に立つのです。

本当ですね！

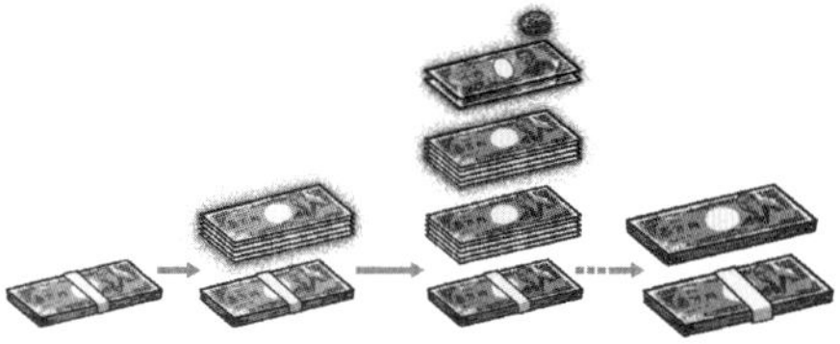

同じ年利でも，複利と単利では大ちがい

私も将来に備えて，**資産運用**とか考えてみようかなあ。

そうですね。でもその場合，**単利**と**複利**にはくれぐれも気をつけてください。

単利と複利？

はい。先ほどの例では，利息は複利でした。**複利とは，「利息が元金に組み入れられ，それにもとづいて次の年の利息が決まる方式」**です。
つまり，複利の場合は前の年までの利息にも，次の年に利息がつくので，年を追うごとに利息がふくれあがっていくわけです。

なるほど。では単利は？

単利とは，「最初の元金にのみ利息がつく方式」です。たとえば年利20％の単利の場合は，1年ごとの資産額を数列にすると，「100，120，140，160，180……」という具合にふえていくわけです。

複利のふえ方とぜんぜんちがう！

そうです。**単利は，一定の数（公差）を足していってできる，等差数列なのです。**

等差数列は，初項「a_1」，公差「d」のn番目の項（一般項）「a_n」とすると，一般項を次の式で求めることができます。

等差数列の一般項の公式

$$a_n = a_1 + (n-1)d$$

この公式にあてはめてみると，10年目の資産額は，100＋（10－1）×20になりますから，**280万円**，20年目は**480万円**になります。
複利の場合の額とくらべれば，その差は歴然でしょう。
複利は，前の年の利息が次の年の元金に組み込まれていくので，年がたつにつれ，利息が急激にふえていきます。
一方，単利は最初の元金に対してしか利息が組み込まれないので，利息だけが積み上がっていくことになります。

利息のちがいって重要ですね！　勉強になります。
たぶん当時は利息とかいわれてもピンとこなかったのかなあ。数列，もっと勉強しておけばよかった！

ポイント！

複利……利息が元金に組み入れられ，それにもとづいて次の年の利息が決まる。

単利……最初の元金にのみ利息がつく。

複利と単利はこんなにちがう！

元金100万円を年利20%の複利で運用した場合の，年ごとの資産を棒グラフであらわしたもの。

複利は年がたつほど利息が急激に増加していき，単利は利息だけが積み上がっていく。

元金100万円，年利20%の複利の資産額

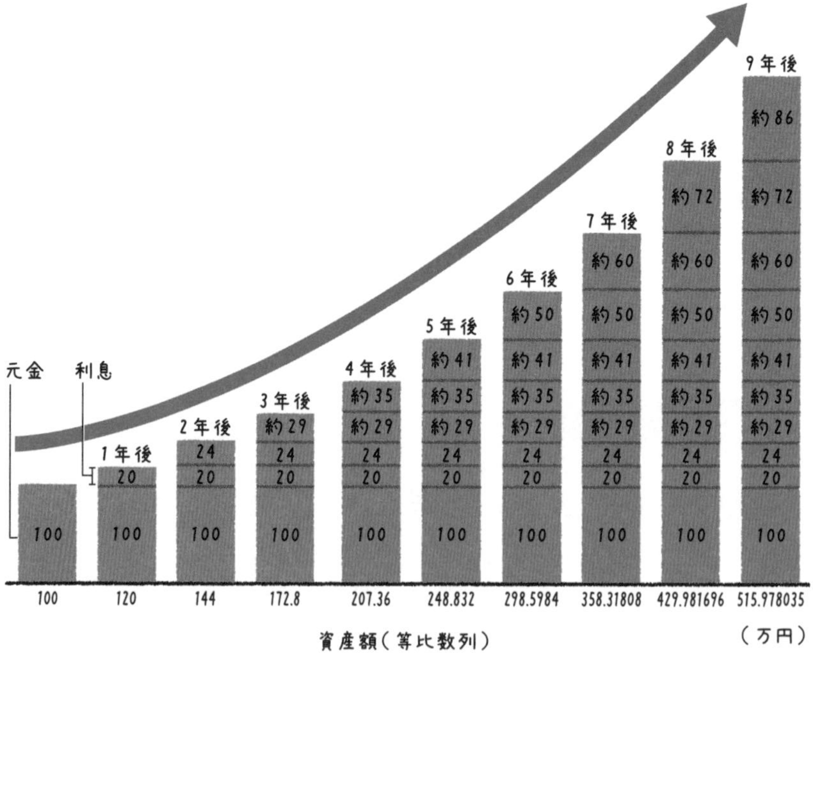

「矢印」を数に見たてる「ベクトル」

数字とはちょっとちがいますが，ベクトルという，とても便利なものについてお話ししましょう。

ベクトルって，よく聞きますよね。そういえば昨日も上司から，「もっとものの見方のベクトルを変えないとダメだ！」って怒られたんですよ。
ベクトルって，矢印みたいなもののことですよね。

ハハハ！　それはタイムリーでしたね。
そうです，ベクトルとは，簡単にいうと矢印のことです。数と区別するため，アルファベットの上に矢印（→）を付けて，$\vec{a}$などとあらわします。
また，点Aから点Bに向かうベクトルを$\overrightarrow{\mathrm{AB}}$とあらわすこともあります。

$$\vec{a} \qquad \overrightarrow{\mathrm{AB}}$$

アルファベットの上にただ矢印をつけるって，あらためて見ると斬新ですよね。

そうですね。でも数学における矢印はもちろん，ただの矢印ではありませんよ。
虚数のところで，「複素数は複素平面であらわせる2次元（平面）の数」だと説明しましたね。**高校数学では，それとは別の“2次元の数”も登場するのです。それが「ベクトル」です。**

２次元の数？　矢印なのに数なんですか……。

実数は「大きさ」だけをもつ数です。それに対して，ベクトルは矢印ですから，大きさに加えて**向き**ももちます。
たとえば，**風**は強さ（風速）に加えて，風向きももちますから，ベクトルであらわすことができます。
また，**海流**などの水の流れもベクトルであらわすことができます。
つまりベクトルは，数を矢印に見立てたものなんです。

そういえば，天気予報で風速をあらわすとき，たくさんの矢印で表示しますね。

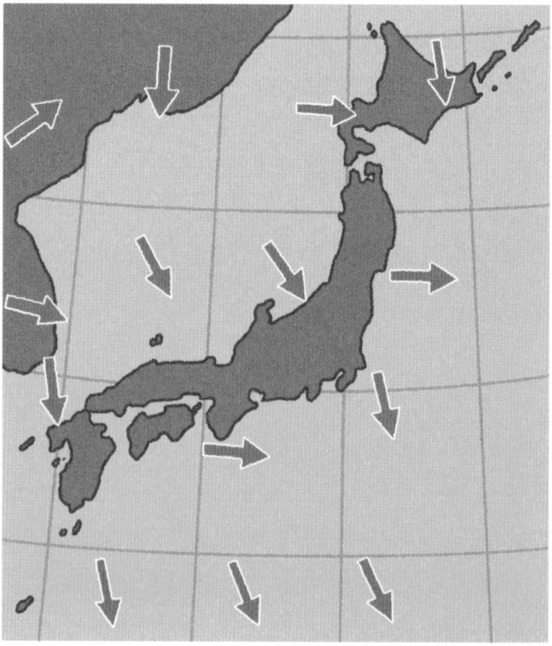

風速の場合，ベクトルで方向を示すとともに，長さで風の強さをあらわしています。長い矢印が強い風となります。
また，物を動かす源となる**力**も大きさと向きをもっているため，ベクトルですし，物の**速度**もベクトルです。
この世界には，ベクトルであらわされる量がたくさんあり，そのため物理学では，ベクトルの計算がしょっちゅう登場することになります。

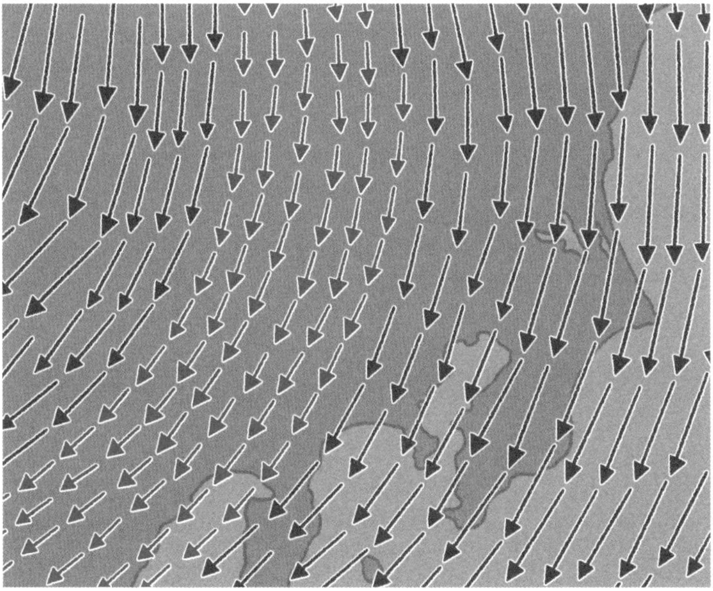

ベクトルって便利ですねえ。
でも先生，「ベクトルの計算」って，矢印なのにどうやって計算するんですか？

ベクトルは**座標**を使ってあらわすことができます。次のページのイラストを見てください。

ベクトルは平行移動させることができるので，ベクトルの後端を原点Oに重ね，そのときの先端の座標を使ってベクトルをあらわすのです。これを**ベクトルの成分表示**といいます。
このイラストでは，$\vec{\boldsymbol{a}}$は$(\boldsymbol{a}_1,\ \boldsymbol{a}_2)$とあらわすことができます。ベクトルの成分表示は，$\vec{\boldsymbol{a}}=\begin{pmatrix}\boldsymbol{a}_1\\ \boldsymbol{a}_2\end{pmatrix}$のように，成分を縦に並べることもあります。

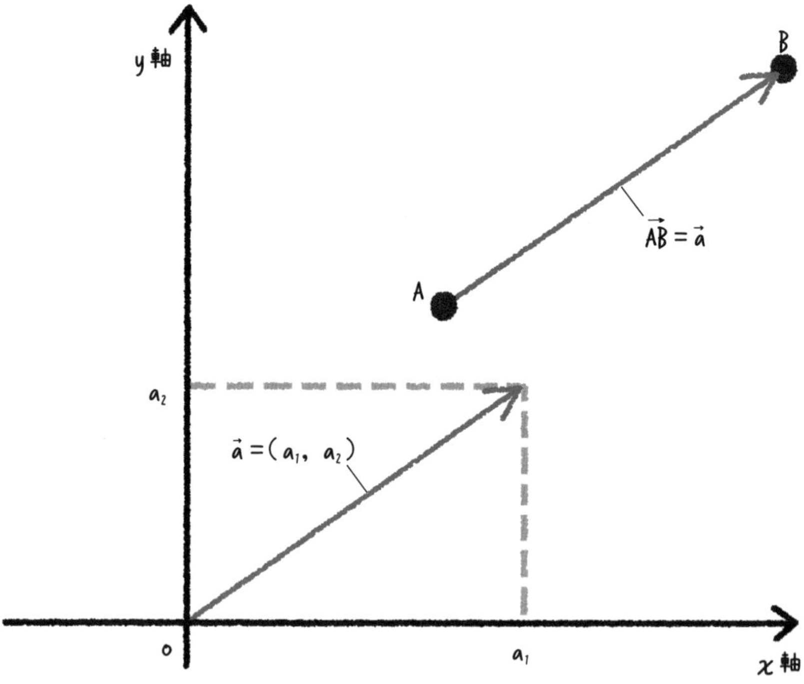

なお，2次元のベクトルだけでなく，三つの成分であらわされる3次元のベクトル（空間内のベクトル）や，高次元のベクトルもあるんですよ。

ベクトルは足し算もできる！

ベクトルも，数のように足し算などの計算を行うことができるんですよ。
たとえば，$\vec{a}=(a_1,\ a_2)$と，$\vec{b}=(b_1,\ b_2)$を足し算する場合，$\vec{a}+\vec{b}=(a_1+b_1,\ a_2+b_2)$というふうに，それぞれの成分どうしを足し算することで計算できるんです。

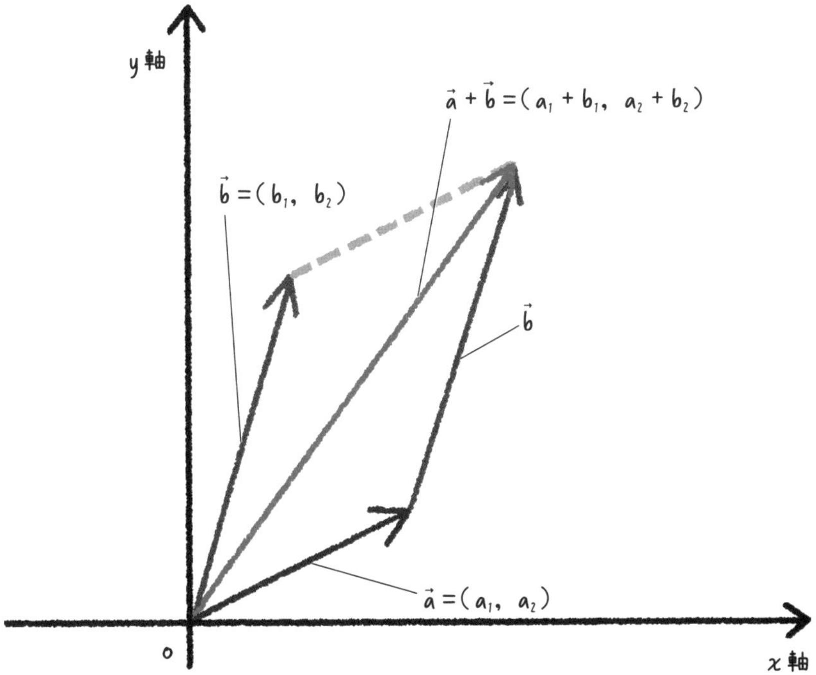

イラストのように，ベクトルの足し算は，座標上で考えることもできます。$\vec{a}+\vec{b}$は，まず$\boldsymbol{b}$の後端を平行移動させて$\vec{a}$の先端に継ぎ足し，原点と平行移動後の$\vec{b}$の先端を結んだベクトルになります。

なるほど。複素平面みたいな感じですね。
でも，こういうベクトルの計算って，どんなときに使うんですか？

ベクトルの足し算は，物体に複数の力が作用しているときの物体の運動を考えるときなどに役立ちます。

「物体に複数の力が作用しているとき」って，通勤ラッシュの中の私しか思い浮かびません……。

ハハハ！　それもたしかにそうです。
たとえば，私たちが今こうして座っていられるのは，私たちの体が**万有引力**を受けて，地球の中心に向かって引き寄せられているからです。
地球上で私たちにかかる力を矢印であらわすとしたら，どのようにえがきますか？

そうですねえ。足元から地球の中心に向かって垂直な矢印ですかね。

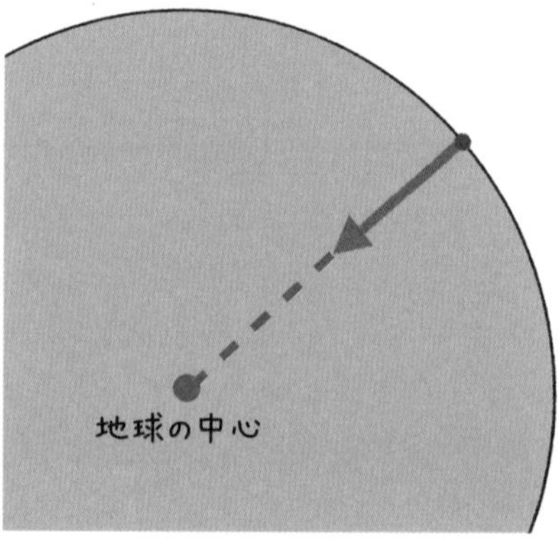

ブブー！　残念！　そうではありません。
地球はまわっていますから，私たちの体は地球の自転軸に対して外向きの**遠心力**も受けているのです。

力のベクトルの足し算

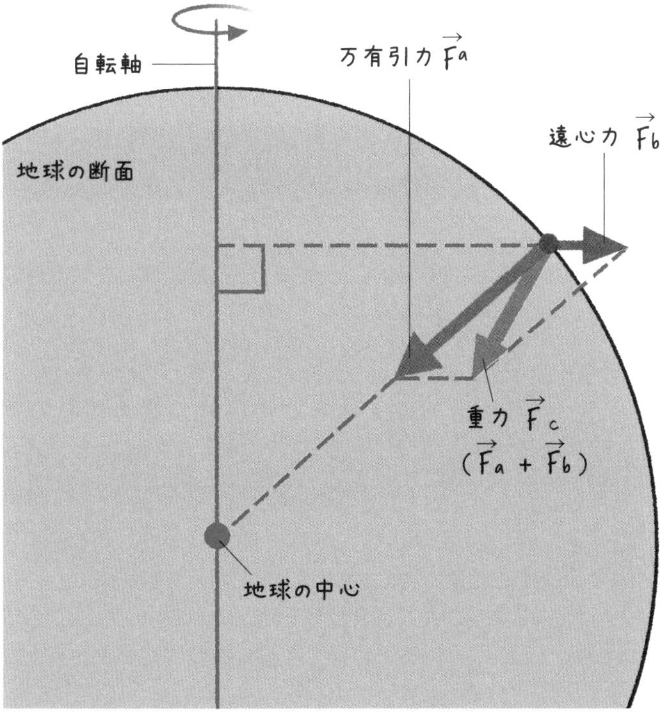

あっ。重力のベクトルは，万有引力のベクトルと，遠心力のベクトルの足し算になっていますね。

その通りです！　私たちが受けている重力は，万有引力と遠心力を足したベクトルであらわされるのです。イラストのように，私たちを引っ張る重力の向きは，地球の中心に向かう方向からは，ずれているというわけです。

面白いですね。ベクトルであらわすと，見えないところが見えるんですね。

ベクトルとセットで活躍する「行列」

もう一つ，ベクトルとセットで使われる数の仲間を紹介しましょう。**行列**です。
ベクトルは，いくつかの数を横または縦に並べたものです。一方，行列は，数を四角形状に並べたものです。

第1列　第2列

第1行 →
第2行 →

$$\begin{pmatrix} 1 & 2 \\ 3 & 4 \end{pmatrix} \cdots\cdots ①$$

えっ，これが“行列”？

横方向の数の並びを**行**，縦方向の数の並びを**列**とよびます。
「行列のできる○○」というような，普通に使う「行列」の意味とはことなるので，注意してくださいね。

はい。

先ほどの行列は，行が二つ，列が二つあるので「2行2列の行列」です。行の数，列の数はいくつでもかまいません。

ベクトルと行列はセットだっておっしゃいましたけど，どうやって使うのですか？

行列とベクトルは“かけ算”ができるのです。
たとえば（5，6）というベクトルがあるとします。
このベクトルに，①の行列を左からかけ算すると，次のようになります。

$$\begin{pmatrix} 1 & 2 \\ 3 & 4 \end{pmatrix}\begin{pmatrix} 5 \\ 6 \end{pmatrix} = \begin{pmatrix} 1\times5+2\times6 \\ 3\times5+4\times6 \end{pmatrix} = \begin{pmatrix} 17 \\ 39 \end{pmatrix}$$

うわぁ！　**フクザツ！**　このかけ算が何を意味しているんだか……。

一見複雑に見えますが，これは，それぞれ赤と黒の矢印の部分の成分同士をかけ合わせ，それらを足して，新たなベクトルの成分をつくっているんです。
つまり，①の行列を（5，6）というベクトルにかけると，新しいベクトル（17，39）ができるわけですね。座標の言葉でいえば，点（5，6）を，点（17，39）へ移すのが，①の行列だということです。
なお，行列どうしを足したり，かけたりすることもできます。次のページにその計算方法ものせておきます。

ポイント!

行列の足し算(A)と,行列のかけ算(B)

行列のかけ算は,二つ目の行列を$\begin{pmatrix} w \\ y \end{pmatrix}$と$\begin{pmatrix} x \\ z \end{pmatrix}$という二つのベクトルでできていると考え,それぞれで前のページでおこなった行列とベクトルのかけ算を行う。

A. 行列の足し算

$$\begin{pmatrix} a & b \\ c & d \end{pmatrix} + \begin{pmatrix} w & x \\ y & z \end{pmatrix} = \begin{pmatrix} a+w & b+x \\ c+y & d+z \end{pmatrix}$$

B. 行列のかけ算

$$\begin{pmatrix} a & b \\ c & d \end{pmatrix} \begin{pmatrix} w & x \\ y & z \end{pmatrix} = \begin{pmatrix} aw+by & ax+bz \\ cw+dy & cx+dz \end{pmatrix}$$

普通の数のかけ算は,「$5 \times 6 = 6 \times 5$」のように順序を入れかえても答えが一致するが,行列Aと行列Bのかけ算は順序を入れかえると,一般に答えが一致しない(特別な場合には一致することもある)。つまり$AB \neq BA$。

ベクトルと「回転行列」

さて，少しむずかしいかもしれませんが，次のような行列を考えてみましょう。

$$\begin{pmatrix} 0 & -1 \\ 1 & 0 \end{pmatrix}$$

0とか負の数が入ってますね。何だかやっかいそう……。

この行列は，座標平面上のあらゆる点（ベクトル）を，原点を中心に反時計まわりに90°回転した位置に移動させる性質があります。
こうした行列は**回転行列**とよばれます。
回転行列を使えば，90°以外にも，あらゆる角度に回転させることができます。ある**角度 θ** に対する回転行列は以下のようになります。角度 θ や cos，sin については2時間目でお話しする三角関数の知識が必要になりますので，ここでは参考としてください。

回転させたあとのベクトル　回転行列　回転させる前のベクトル

$$\begin{pmatrix} x' \\ y' \end{pmatrix} = \begin{pmatrix} \cos\theta & -\sin\theta \\ \sin\theta & \cos\theta \end{pmatrix} \begin{pmatrix} x \\ y \end{pmatrix}$$

$$= \begin{pmatrix} x\cos\theta - y\sin\theta \\ x\sin\theta + y\cos\theta \end{pmatrix}$$

この行列をあらわしたものが，次のイラストです。

本当だ。回転してますね。

$\begin{pmatrix} x \\ y \end{pmatrix}$というベクトルに，回転行列を左からかけると，$\begin{pmatrix} x' \\ y' \end{pmatrix}$という新たなベクトルができる。点$(x', y')$は，点$(x, y)$を，原点Oを中心として反時計まわりに$\theta$だけ回転させた位置に移動する。

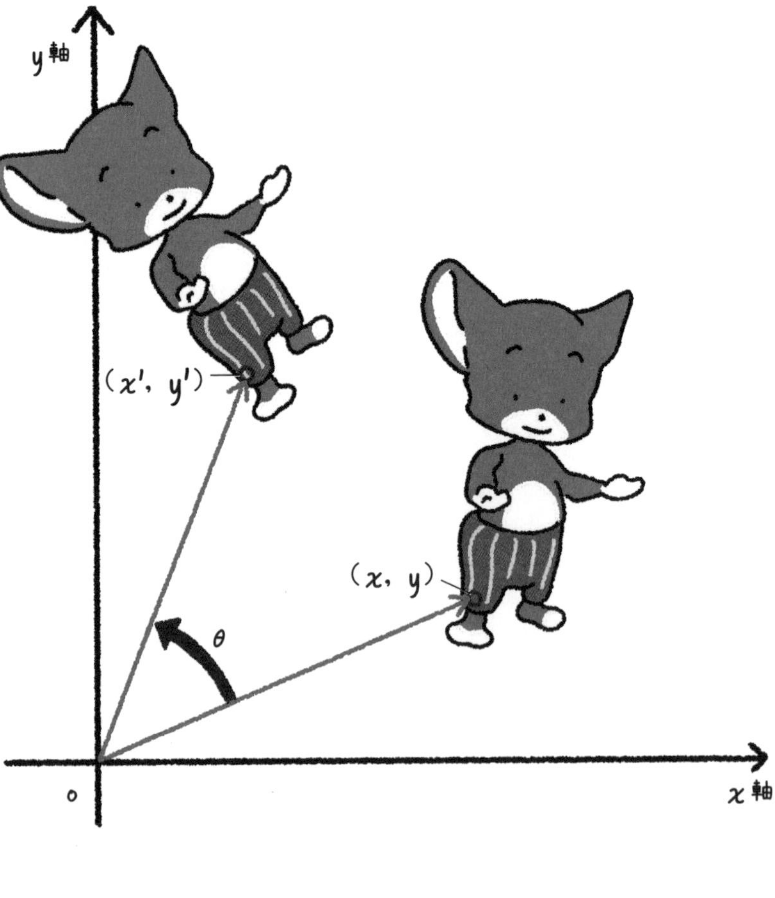

昨今のテレビゲームでは，操作するキャラクターを3次元フィールドの中で自由に動かしたり，視点（画面）を上下左右に自由に回転させたりすることができますよね。実はこのような操作は，コンピューターによるベクトルと行列の計算によって実現されているのです。

そうだったんですか！

このイラストのキャラクターのように，**キャラクターの絵のデータ（画面上のどの位置にどの色を割りあてるか）に回転行列の計算をプログラミングしておけば，キャラクターを自由に回転させることができるわけです。**

なるほど～！

おさえておきたい中高数学の公式集

このページでは，中高の数学に登場する「式」にまつわる重要公式を紹介します。

①多項式の計算公式

Ⓐ $(x+a)^2=x^2+2ax+a^2$　Ⓑ $(x-a)^2=x^2-2ax+a^2$

Ⓒ $(x+a)(x-a)=x^2-a^2$　Ⓓ $(x+a)(x+b)=x^2+(a+b)x+ab$

上の公式の左辺から右辺に変形するのが「展開」です。
一方，右辺から左辺に変形するのが「因数分解」です。

②2次方程式の解の公式

$a \neq 0$として，2次方程式$ax^2+bx+c=0$の解は，以下で求めることができます（解の公式）。

$$x=\frac{-b\pm\sqrt{b^2-4ac}}{2a}$$

また，$ax^2+bx+c=0$の判別式は，以下のように書けます（解の公式の$\sqrt{\quad}$の中身）。

$$D=b^2-4ac$$

2次方程式がどのような解をもつかは，Dの値によって以下のように判別できます。

$D>0$のとき，ことなる二つの実数解をもつ
$D=0$のとき，実数解を一つもつ（重解）
$D<0$のとき，実数解なし（共役な二つの複素数解※1）

※1：共役な複素数とは，a，bを実数として$a+bi$に対する$a-bi$，$a-bi$に対する$a+bi$のことをいいます。

③数列の和の公式

Ⓐ $S_n=\dfrac{n}{2}(a_1+a_n)=\dfrac{n}{2}\{2a_1+(n-1)d\}$

等差数列の和を求める公式です。初項をa_1，n番目の項をa_n，公差をdとすると，初項からn番目の項までの和（合計）は上の式で求めることができます。

Ⓑ $S_n=\dfrac{a_1(r^n-1)}{r-1}$

初項がa_1，公比が$r(\neq 1)$の等比数列の和を求める公式です。
初項からn番目の項までの和（合計）は上の式で求めることができます。

④Σの計算公式

数列a_nの第1項から第n項までの和は，Σ（シグマ）という記号を使って以下のようにあらわせます。

$$a_1+a_2+a_3+\cdots+a_n=\sum_{k=1}^{n}a_k$$

$\sum_{k=1}^{n}$は，kを1からnまで動かしてk＝1からk＝nまでの和をとることを意味しています。Σの計算公式には，以下のようなものがあります。Σの計算公式を使えば，数列の一般項が多項式であらわされるとき，その和を求めることができます。

Ⓐ $\sum_{k=1}^{n}$（定数）＝n×（定数）

Ⓑ $\sum_{k=1}^{n}k=1+2+3+\cdots+n=\dfrac{1}{2}n(n+1)$

Ⓒ $\sum_{k=1}^{n}k^2=1^2+2^2+3^2+\cdots+n^2=\dfrac{1}{6}n(n+1)(2n+1)$

⑤ベクトルの内積

ベクトル$\vec{a}$とベクトル$\vec{b}$のかけ算に相当する計算に，「内積」があります。
$\vec{a}=(a_1,\ a_2)$，$\vec{b}=(b_1,\ b_2)$のとき，$\vec{a}$と$\vec{b}$の内積は「・」という記号を使って$\vec{a}\cdot\vec{b}$とあらわし，以下のように計算します。

$$\vec{a}\cdot\vec{b}=a_1b_1+a_2b_2$$

以下のようにもあらわすことができます。

$$\vec{a}\cdot\vec{b}=|\vec{a}||\vec{b}|\cos\theta$$

$|\vec{a}|$はベクトル$\vec{a}$の絶対値といい，$\vec{a}$の大きさを意味します。$|\vec{a}|=\sqrt{a_1{}^2+a_2{}^2}$です。
また，θはベクトル$\vec{a}$と$\vec{b}$の間の角度で，$\cos\theta$は三角関数のコサインです。

2

時間目

数を入れて答えを予測「関数」

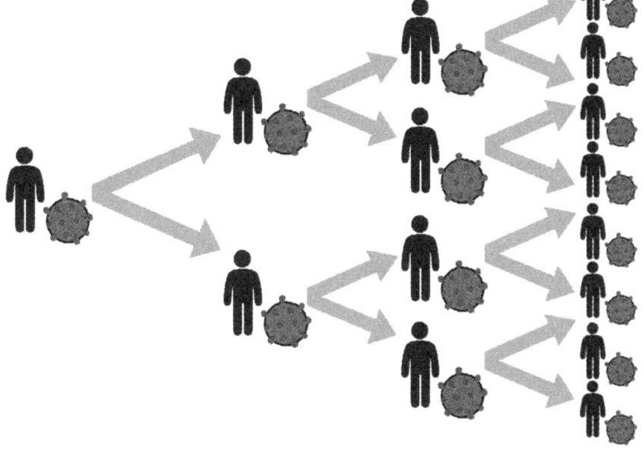

STEP 1

log 巨大な数はおまかせ！ 指数関数＆対数関数

「関数」で苦労した人も多いでしょう。しかし，関数の考え方は非常にシンプルです。関数の基本から指数関数・対数関数，さらには関数が社会でどう役立つのかも紹介します。

数値を入れれば答えが一発「関数」

２時間目からは，**関数**について見ていきましょう。
中学では，「二次関数」という比較的やさしい関数を学びます。ところが高校になると，**三角関数**，**指数関数**，**対数関数**といった，より高度な関数が登場します。
これらの関数の意味や性質を理解することが，高校数学の最も重要なポイントといえます。

「複雑でむずかしい」という記憶しかないです。

ふふふ，そうですね。
しかし関数の考え方自体はとてもシンプルで，実は社会や科学の分野では必要不可欠なものなんです。
まずは関数の考え方から基本的なしくみについて，順を追って見ていきましょう。

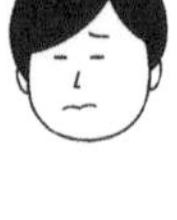

はい。

関数とは，たとえば「$y=2x^2+3x-5$」のような計算式であらわされるものです。「x」のところにある数字を入れると，自動的に答え「y」が出ます。
たとえば自販機は，飲みたいものの金額のお金を入れると，その飲み物がポンッと出てくるでしょう。
自販機（＝計算式）にお金（＝x）を入れると，ジュース（＝y）が出てくる。つまり関数とは，ある数値を入れて答えを出す装置と考えることができます。

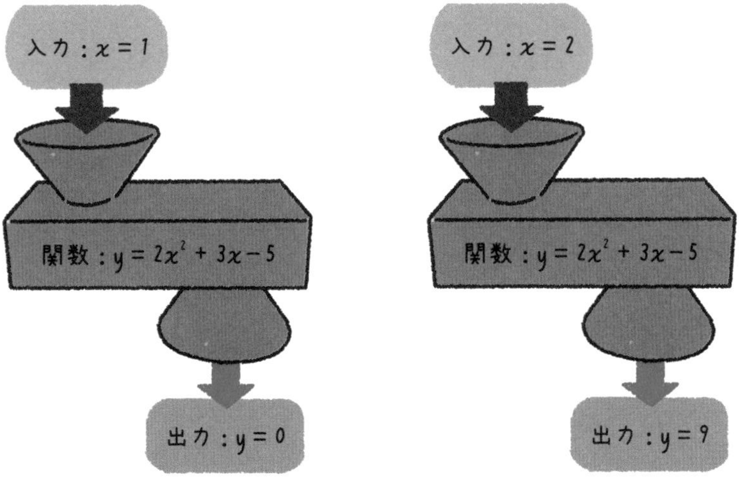

なるほど。そういわれるとわかるような気がします。

別の例で考えてみましょう。ボールを真上に投げたとします。ボールの速度は，初速毎秒10メートルとします。
このとき，x＝投げた瞬間からの経過時間（秒），y＝投げ上げた位置からのボールの高さ（メートル）として $y=-4.9x^2+10x$ という式であらわせたとします。
このxに好きな数値を入れると，何がわかりますか？

$\boldsymbol{y}$はボールの高さだから……，$\boldsymbol{x}$に3を入れれば，「ボールを投げてから3秒後のボールの高さ」がわかりますね。

その通りです。つまりこの装置＝関数に時間の数値を入れれば，ボールの高さがポンッと出てくるわけです。つまりこの関数は，**未来を予測する装置**というわけです。

すごい！

もう一つ，別の例を見てみましょう。下のイラストは，力学にもとづき，バッターの打球の初速を毎秒40メートル（時速144キロメートル）として，打ちだしたときの**角度**によってボールの**軌跡**がどう変わるかを，関数とそのグラフを使ってあらわしたものです。
グラフに式が書いてありますが，それらをどのようにして求めるのかがわからなくても大丈夫です。大事なことは，力学を使うとそのような関数を求めることができることなんです。

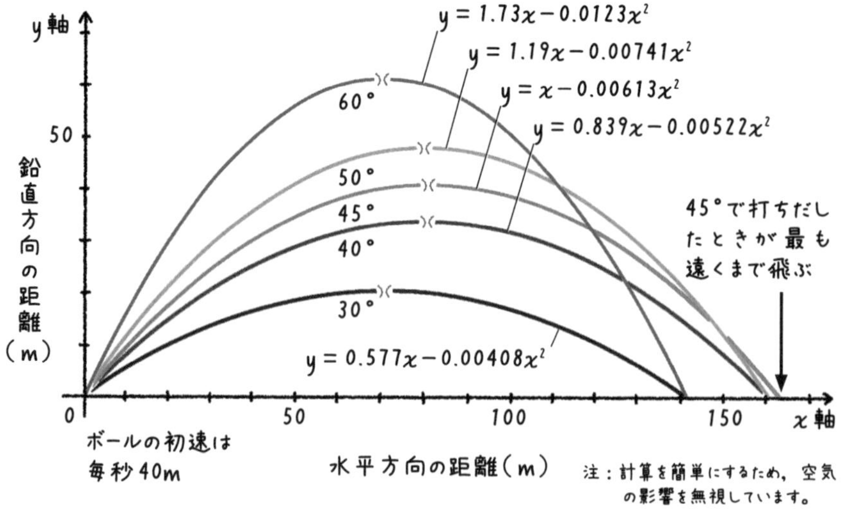

このグラフを見れば，角度が45°のときが最も遠くまで飛ぶことがわかるでしょう。このように，**関数を使えば，実際にボールを飛ばさなくても，ボールの飛距離を予測することができます。つまり，未来を予測することができるのです！**

関数って，そういうものだったのか～！

すごいでしょう。
ですから，とくに**物理学**においては，この関数の考え方が非常に重要になります。
なぜなら物理学は，ボールなどの物体の運動だけでなくたとえば水や空気の流れ，回路を流れる電流，光を吸収したり放出したりする原子のふるまいなど，この世界のさまざまな現象のしくみを解き明かす学問だからです。
そして，現象のしくみを解き明かすためには，現象を**予測**することが必要です。
そこで活躍するのが関数というわけです。物理学の大きな目的の一つは，現象をあらわす関数を見つけることといっても過言ではありません。

あらゆる現象って，関数なのか！

関数は物理学に限らず，**統計学**や**経済学**などでも使われますし，あなたが仕事などで使っている**表計算ソフト**などでも頻繁に使われます。
関数は社会のさまざまな場面で利用され，私たちの生活を支えているんですよ。

かけ算の回数を見せつけろ！　「指数」

さて，関数のすごさをあらためて確認したところで，続いて指数関数について見ていきましょう。まず，指数について簡単にお話ししておきましょう。**指数は，あとで説明する対数とともに大きな数や小さな数の計算を簡単にする，とても便利な道具なんです。**

指数も便利な“道具”なんですね。

そうなんですよ。指数は，同じ数を何度もかけ算するときの回数のことです。

たとえば，3×3だったら3^2，$5 \times 5 \times 5$だったら5^3と，かけられる数の右肩に小さく書きあらわします。

指数に対して，くりかえしかけ算される数を底といいます。これは「テイ」と読みます。

つまり，かけ算される数（底）に，かけ算する回数を指定することで（指数），とてつもなく大きな数や小さな数をあつかいやすくすることができるのです。

なるほど。

指数がよく用いられるのは，10のかけ算です。10のかけ算をうまく使うと，とんでもない数をあらわすことができるんですよ。

たとえば，宇宙を思い浮かべてみてください。

私たちが実際に観測することができる宇宙の範囲は，直径約1000000000000000000000000000メートルであることがわかっています。

いち，に，さん，し……ゼロが27個もある！

ええ。でも，いちいち書くのも大変ですし，ゼロが一つちがえば大変な誤差になります。そこで，指数を使えば**10^{27}メートル**と書きあらわすことができます。

約1000000000000000000000000000メートル
＝10^{27}メートル

すごくシンプル！

このように，桁の大きな数をあらわすときに，10を底とする指数を使えば，短く簡潔にあらわすことができますし，普通のあらわし方では比較しづらい数でも簡単に比較でき，桁を読みまちがえることもなくなるわけです。

たしかに，すごく便利ですね。

また，逆にとんでもなく小さな数をあらわすこともできます。たとえば水素原子の原子核の直径は，**約0.000000000000001メートル**です。
これは，小数部分に0が14回出てきます。つまり$\frac{1}{10}$を15回くりかえしかけ算した数ということですから，指数であらわすと$\left(\frac{1}{10}\right)^{15}$となります。この場合，一般的には指数にはマイナスの数を使って**10^{-15}メートル**（10のマイナス15乗）とあらわします。

約0.000000000000001メートル＝10^{-15}メートル

ポイント！

指数

「かけ算される数（底）」と「かけ算をくりかえす回数（指数）」を指定して，結果の数をあらわす。

$$○^{△}=□$$

パンデミックの恐怖を「指数関数」で実感

ではあらためて，**指数関数**について見ていきましょう。現在，かなり緩和されてきたものの，新型コロナウイルスは世界中を混乱の渦に巻き込みました。テレビニュースの内容は，ほぼコロナ一色だったでしょう。

当初は大変でしたね。学校も休みになるし，会社もリモートワークになりましたし……。

さてその中で，感染者の**指数関数的な増加**という言葉を耳にしたことはないでしょうか。
感染症のおそろしさは，まさにこの「感染者の指数関数的な増加」にあるのです。

そのワード，よく聞きました！

そうでしょう。
指数関数は，数式であらわすと，$y = a^x$ の形であらわされます。そして，**指数関数的な増加とは，ある期間ごとに定数倍されていくような増加のことです。**

ポイント！

指数関数

$y = a^x$ （aは1以外の正の実数）

定数倍の増加って，こわくないですか。

その通り。**この指数関数的な増加のやっかいなところは，しばしば私たちの想像をこえるところにあります。**たとえば，細菌が1個あるとします。それが1日で2倍になるようなペースで増殖していくとします。
40日後にはどれぐらいにふえていると思いますか？

ええっと。2日で2個，3日で4個……。
イメージ的に，数億個とかそんな感じですかね!?

正解は，なんと1兆995億1162万7776個にもなるんです。

どっひゃ〜！
そんなになります!?　想像を絶する数でした。たった40日で世界の人口をはるかにこえちゃうんですね!?

まあ，実際は，さまざまな条件もあるので，ここまでの数にはなりませんけど，とにかく指数関数的な増加は想像を絶するものがあるのです。

さて，今回の新型コロナのニュースの中で「指数関数的増加」とともに，再生産数という言葉をお聞きにならなかったでしょうか。

再生産数とは，「1人の感染者が平均して何人に感染させるか」をあらわしています※。

再生産数が1を上まわると感染が広がっていき，1を下まわると感染がおさまっていきます。

「再生産数」も聞いたことあります。そういう意味だったのか～！

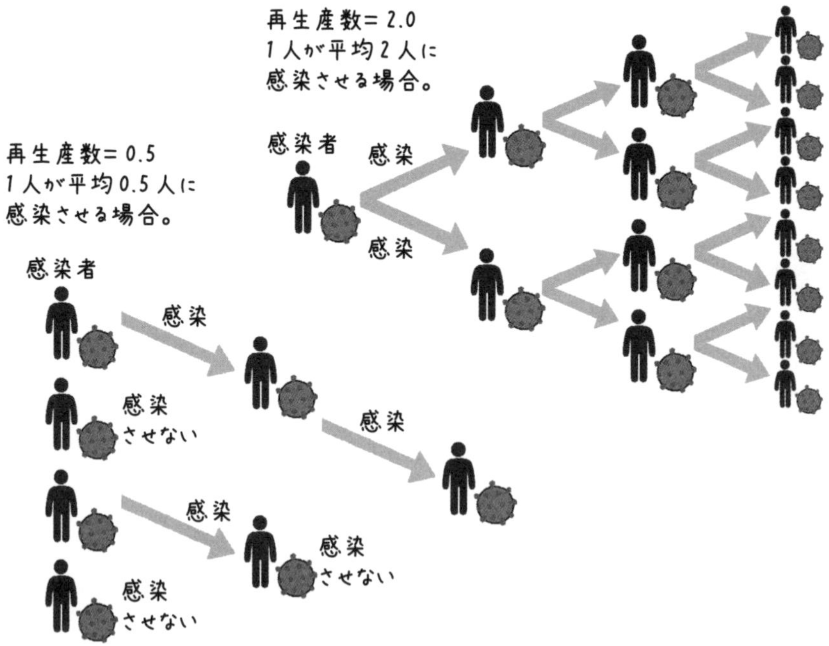

次のグラフは，先ほどの$y=a^x$の式を使い，再生産数のちがいによって，新規感染者数がどのように変化するのかをあらわしたグラフです。
y＝新規感染者数，x＝感染の世代数，a＝再生産数です。（ただし単純化した計算であり，実際の感染拡大はもっと複雑です）。

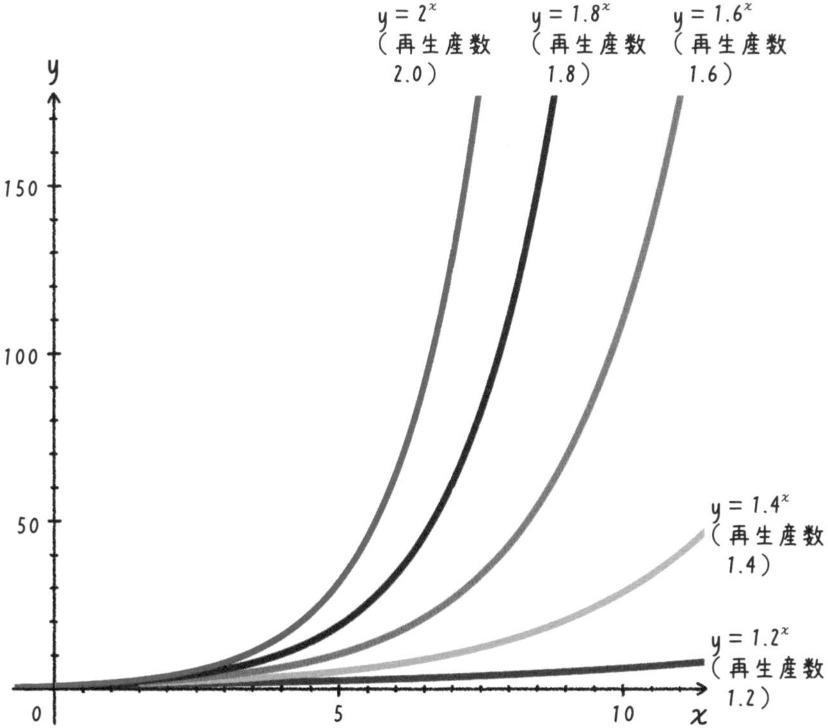

※正確にいうと，再生産数には「基本再生産数（R0）」と「実効再生産数（Rt）」がある。基本再生産数は，その感染症に対して，だれも免疫をもっていない場合の値。病原体自体がもつ感染力の強さに相当する値だといえる。一方，実効再生産数は，感染症がすでに広がっている場合の値。社会の感染症対策や免疫をもった人が増加することなどによって，値は時間とともに変動する。

$x=7$での，新規感染者数（y）を比較してみてください。再生産数（a）が1.2の場合，新規感染者数（y）は約3.6人です。再生産数が1.4の場合は約11人，1.6の場合は約27人，1.8の場合は約61人，そして2.0になると，約128人にものぼります。
このグラフから，aの値がわずかでもふえると，増加のペースが一気に上がることがよくわかります。

本当だ！　再生産数が1.2と2では，新規感染者の数がまったくちがいますね。

そうでしょう？
新型コロナのような感染症は，対策をおこたって少しでも再生産数（実効再生産数）が上がってしまうと，ものすごい感染者数の増加をもたらしてしまう可能性があるんです。

指数関数を使って説明されると，よりリアルにおそろしさが伝わります。

何回かけ算したらそんな数になるの？「対数」

さて，先ほどもお話ししましたが，あらためて指数関数とセットで学ぶ関数，**対数関数**を見ていきましょう。
まずは，**対数**について簡単に説明しておきましょうか。

ぜひお願いします。

ある数を何回かくりかえしかけ算して，別の数になったとします。このとき何回かけ算をしたのか，その回数をあらわすのが対数です。言葉にすると指数と似ていますが，見方がことなり，指数と表裏一体の存在といえます。
対数はlogという記号であらわされ，指数と同様に，大きな数や小さな数をあつかう際に活躍します。

「ログ」ですね！　記号だけは思いだしました。

たとえば，10を3回くりかえしかけ算すると1000になります。指数の場合，これを$10^3=1000$とあらわしますね。このように，指数はかけ算した結果をあらわすときに使うものだといえます。
これに対して対数は，1000という結果の数があるとき，「10を何回かけ算すれば1000にいたるのか」を意味するものです。
かけ算する元の数（10）を底とよびます。1000は10を3回くりかえしてかけ算したものですから，「10を底とする1000の対数は3」と表現します。
これを数式では，$\log_{10}1000=3$とあらわします。
このとき，1000を真数とよびます。

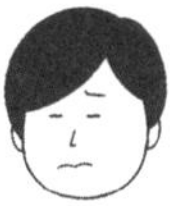

むずかしい。

ここで紹介したような底が10の対数は，常用対数といい，よく利用されるものです。
底が10以外の例も見ておきましょう。たとえば「2を何回かくりかえしかけ算すると8になる」をlogであらわすと，$\log_2 8$となります。

8は2を3回かけ算したものなので，$\log_2 8$は3だとすぐにわかります。しかし，たとえば「2をくりかえしかけ算すると5億3687万912になる」といった場合，かけ算の回数はすぐ出てきませんよね。そこで$\log_2 536870912$と書けば，それがそのままかけ算の回数をあらわすことになるんです。

ポイント！

対数

結果の数（真数）がわかっているとき，その数に至るまでに底を何回かけ算をくりかえすのかをあらわす。

$$\log_{\bigcirc}\square=\triangle$$

（$\bigcirc$：底　$\square$：真数）

指数関数と表裏一体「対数関数」

さて，対数の基本をおさえたところで，指数関数とセットとなる**対数関数**について見ていきましょう。
対数関数は，$y=\log_a x$の形であらわされます。

たしか指数関数は，$y=a^x$でしたね。

そうです。次のグラフは，底が10の対数関数$\boldsymbol{y}=\log_{10}\boldsymbol{x}$をグラフであらわしたものです。

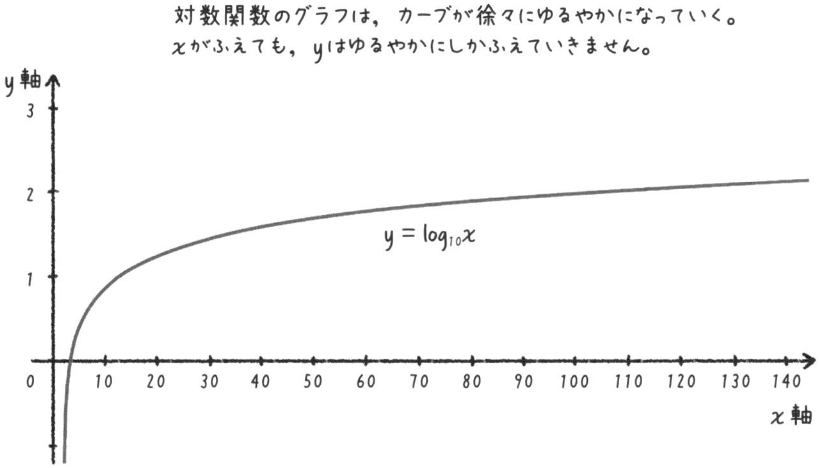

最初急激に上昇したあと，ゆるやかになるんですねぇ。

そうなんです。

対数関数の重要な特徴の一つは，指数関数とは逆に，$\boldsymbol{x}$の値が大きくなるにつれてカーブがゆるやかになっていくことなんです。

たとえば$\boldsymbol{x}$が100のときと1000のときをくらべてみましょう。

100は10のかけ算が2回ですから$\boldsymbol{y}=2$，1000は10のかけ算が3回ですから，$\boldsymbol{y}=3$になります。

つまり，結果の数（$\boldsymbol{x}$）が大きくなっても，対数の値（$\boldsymbol{y}$）はゆるやかにしかふえていかないのです。

結果の数が10倍にふえたとしても，かけ算する回数は1回しかふえないからか。ふむふむ。

また，カーブは徐々にゆるやかになっていきますが，収束，つまり「一定値に近づいていく」ことはありません。
xを限りなく大きくしていくと，yもそれに合わせて，ゆるやかに，限りなく大きくなっていきます。
数学では，これを**$x\to\infty$のとき，$y\to\infty$**と書きあらわします。

へぇ〜。
対数関数のグラフは，じょじょに急になる指数関数とは正反対に見えますね。

そうなんです！
いいところに気づかれましたね。まさにその通りで，**先ほども触れましたが，実は対数関数は，指数関数と表裏一体となっているんです。**

表裏一体？　そういえば指数と対数も表裏一体ということでしたね。表裏一体って，どういうことなんですか？

ではあらためて，指数と対数の関係について見ていきましょう。
たとえば「2を3乗すると8」の場合，対数を使うと$\log_2 8=3$，指数を使うと$2^3=8$とあらわせますよね。

対数と指数の値はそれぞれ「3」で，同じですね。

その通りです。
指数は底がわかっているときに，結果の数をあらわします。一方で対数は底と結果の数（真数）がわかっているときに，かけ算の回数をあらわします。つまり，**対数と指数は，使う場面がちがうだけで，結局のところ値は同じということです。**
他の値を入れて見てみましょう。

対数と指数の関係

$$\log_2 8 = 3 \leftrightarrow 2^3 = 8$$

$$\log_2 32 = 5 \leftrightarrow 2^5 = 32$$

$$\log_{10} 1000 = 3 \leftrightarrow 10^3 = 1000$$

$$\log_3 81 = 4 \leftrightarrow 3^4 = 81$$

本当だ。どれも対数と指数の値が同じ。

さらに，対数と指数の値が同じということは，**logを使った等式は，指数の等式に置き換えることができるということでもあるんです**。
具体的にいうと，**指数関数「$y = a^x$」と対数関数「$y = \log_a x$」はそれぞれ，おたがいのxとyの値を入れ替えた関係**ということになります。

この関係をグラフで見てみましょう。
次のグラフは，$y = \log_2 x$ のグラフで（①），その下のグラフは，そこに，$y = x$（②）と，指数関数 $y = 2^x$ のグラフ（③）を書き加えたものです。

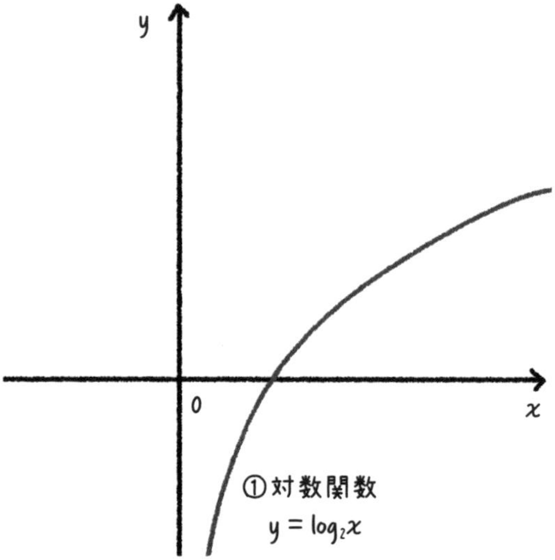

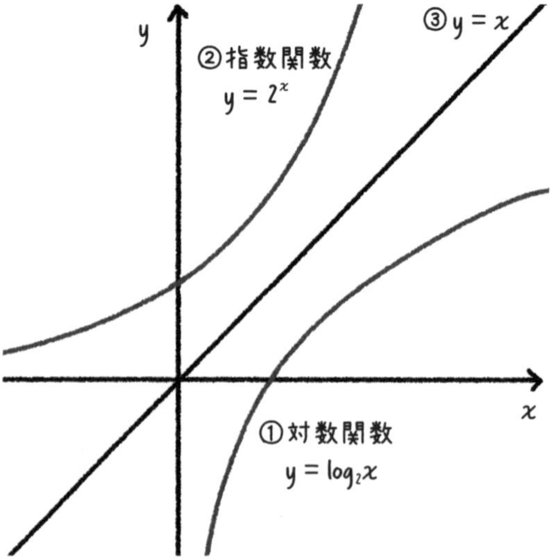

あっ！
$y=2^x$のグラフと，$y=\log_2 x$のグラフが**対称**になっているように見える！

その通りです！
実はおたがいのxとyの値を入れ替えた指数関数と対数関数をグラフにすると，おたがいが直線$y=x$に置いた鏡で映ったようになります。このことを，「二つのグラフが直線$y=x$に関して対称である」といいます。
xとyを入れかえた関係にある指数関数と対数関数のグラフは，$y=x$で折り返すとぴったりと重なるわけです。

指数関数

（$a>0$，$a\neq 1$のとき）

$$y=a^x$$

a：底　x：指数

⇔

対数関数

（$a>0$，$a\neq 1$，$x>0$のとき）

$$x=\log_a y$$

a：底　y：真数

$\log_a x$のことを「aを底とするxの対数」といいます。

このような関係にある関数のことを**逆関数**といいます。指数関数と対数関数のペアに限らず，yとxを入れ替えた関係にある逆関数のグラフは，いつも$y=x$を軸にして線対称になります。

なるほど〜。指数関数と対数関数は裏表一体の関係って，こういうことなんですね。

私たちの感覚は対数の法則に支配されている

指数と対数の関係が線対称だなんて衝撃です……。
指数関数の場合，「指数関数的増加」なんておそろしいものがありましたけど，対数関数もやっぱり「対数関数的増加」なんていうんですかね？　ゆるやか～であんまり関係なさそうな気もしますけど。

いやいや，いいところに気づかれましたね。実は対数関数は，私たちの**身体**と密接に関係しているんです。

ええっ!?　利息計算とかではなく身体と!?
どういうことですか？

実は，**聴覚や視覚，触覚など，私たちの感覚は，対数関数に支配されているのです。**
感覚の強さを$\boldsymbol{E}$，感覚をもたらす刺激の強さを$\boldsymbol{R}$とすると，$\boldsymbol{E = k\log_e R}$（$\boldsymbol{k}$は定数，$\boldsymbol{e}$は自然数の底とよばれる特別な数です）という関係式であらわすことができるんです。これは「ウェーバー - フェヒナーの法則」といわれています。
この関係式についてくわしくは述べませんが，刺激の強さが2倍，3倍となっても，感覚の大きさは2倍，3倍にはならないことを認識していただければと思います。

ポイント！

刺激の大きさが2倍3倍になっても，感覚の大きさは2倍3倍にならない！

先ほどの対数関数のグラフを思いだしてください。刺激（$\boldsymbol{R}$）が小さいときは，少しの刺激の差が大きな感覚（$\boldsymbol{E}$）のちがいをもたらしますが，刺激が大きくなるほど，感覚の大きさの変化はゆるやかになります。

はい。

音と**聴覚**を例にとって考えてみましょう。
音の正体は，空気の振動が広がっていく波，つまり**音波**です。音波が通過すると，空気の圧力が高くなったり低くなったりして，耳の奥の鼓膜にその振動が伝わり私たちは音を感じ取っています。

そうですね。それは習いました。

そのとき，**音圧**（空気の振動の強さ）が大きいほど，私たちには大きな音として聞こえます。
音圧は**パスカル（Pa）**という単位であらわされ，たとえば普通の会話の音圧は10^{-2}Pa，地下鉄のホームは1Pa, ジェット機のエンジン音は10Paくらいです。
音圧でくらべると，ジェット機のエンジン音は普通の会話の1000倍にもなります。

え，そんなになります？ 1000倍っていうと鼓膜が破れそうなくらいの大音量な印象ですけど……。

そうですよね。実は人間には, 音圧が1000倍になっても, 1000倍の大きさの音には聞こえないんです。
なぜなら**私たちの音の感覚は，対数関数的にしか増加しないからです。**

ゆるやかってことですね。

そうなんです。そこで，騒音の指標などに使われる音の単位には，**デシベル（dB）**が用いられています。
デシベルであらわすと，普通の会話は60db，地下鉄のホームは約100db，ジェット機のエンジン音は約120dbとなり，ジェット機のエンジン音は普通の会話の約2倍となります。

なるほど。感覚的にはデシベルの方が断然自然です！

そうでしょう。このような人間の聴覚の性質を考慮し，騒音の指標になるような音の単位にはデシベルが用いられています。そして，**パスカルからデシベルに換算するときに，対数が用いられているのです。**

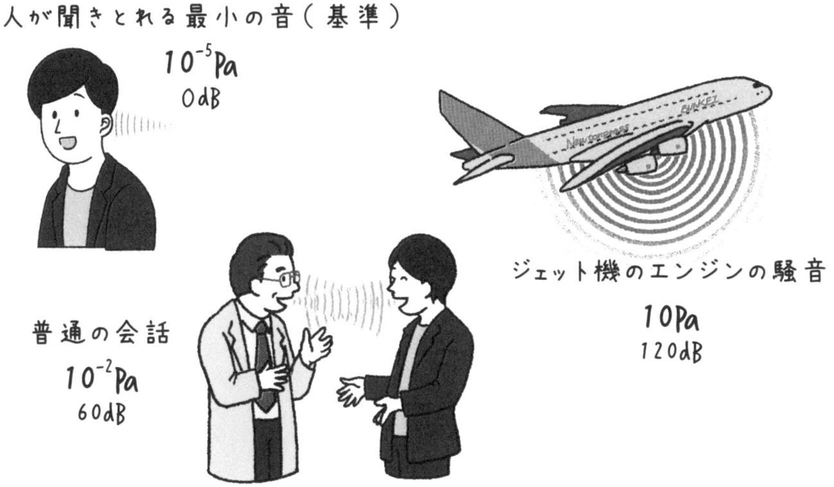

そうだったんですね。知りませんでした！

デシベルは，10^{-5}Paのときが0dbと決まっていて，10^{-4}Paのときは20db，10^{-3}Paのときは40db，10^{-2}Paのときは60db，という具合に，基準となる音圧が10倍になるごとに値が20ずつふえるようになっているんです。
数式で書くと，$20\log_{10}\left(\frac{P}{P_0}\right)$となります(Pは音圧，$P_0$は$10^{-5}$Pa)。
まだありますよ。人間の**視覚**に関係するところでは，**星の等級**も対数関数が用いられています。

へえ～！

19世紀に，1等星は6等星よりも約100倍，光が強いことが発見されました。しかし，実際に見ると，そこまで明るさの差があるようには見えませんよね。

たしかに……。100倍の明るさって，とんでもない差ですよね。

そうですよね。そこで，約2.5倍の光の強さの差が1等の差に相当するように決められたのです。光の量が100倍ちがう星があったとすると，$\log_{2.5}100 \fallingdotseq 5$なので，5等級の差があることになります。

音の単位

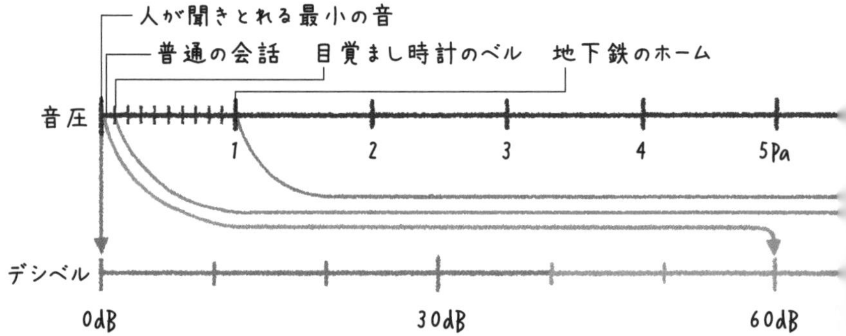

星の等級

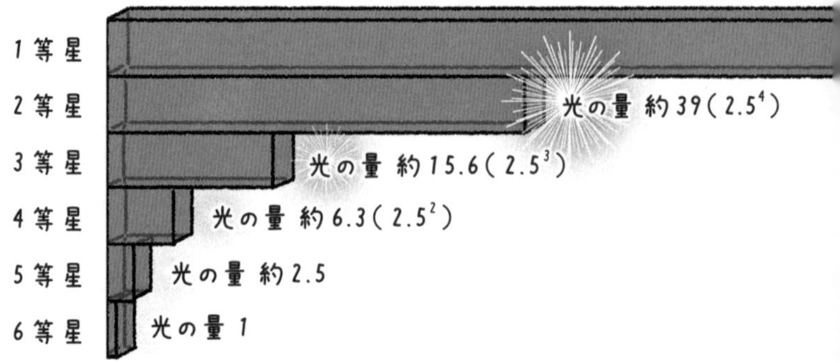

また逆に，6等星の光の量を1とすると，5等星は2.5，4等星は約6.3（2.5^2）……1等星は約100（2.5^5）となります。

このように，星の等級は，私たちの視覚が光の強さ（刺激の量）に対して対数関数的にふるまうことを反映して決められているのです。

対数関数って，こんな身近なところで活躍しているんですね。

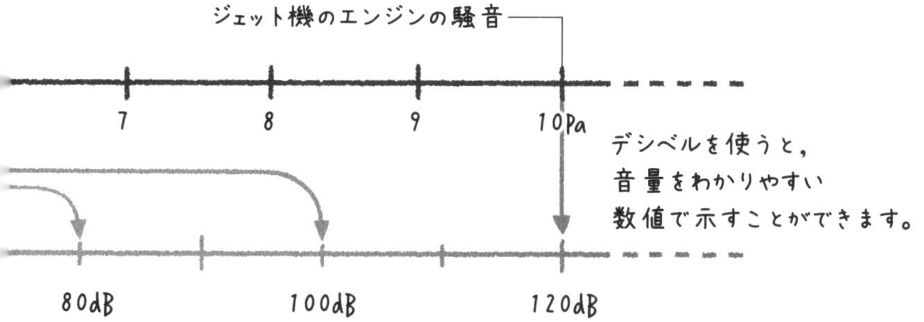

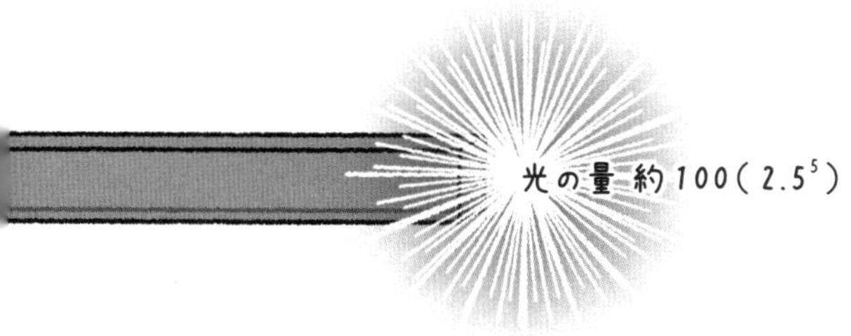

STEP 2

高校数学の重要単元「三角関数」

三角関数は高校数学において非常に重要な単元です。サイン・コサイン・タンジェント，角度を示すθなど，三角関数の基本を見ていきましょう。

三角関数は天文学から生まれた！

さあ，いよいよ高校数学の重要単元の一つ，**三角関数**へとコマを進めましょう。
三角関数は，**加法定理**や**和積の公式**，**2倍角の公式**など，覚えるべき公式がたくさん登場するので，苦手意識をもつ方も多いと思います。

三角関数かぁ……。実は高校時代に数学がさっぱりになったきっかけは，まさに三角関数だったんですよ。
私が文系に進むきっかけといえるかも……。

ハハハ！　そうだったんですね。
でも三角関数は，物理学や工学など幅広い分野で絶対に必要なもので，きわめて便利な道具となるんです。
ひとまず苦手意識は置いておいて，なぜ三角関数というものが生まれたのか，その起源からお話をはじめましょう。

お願いします！

三角関数のもととなる考え方は，三角形を測量に用いることから発展してきました。たとえば，古代ギリシアの哲学者**タレス**（紀元前624年ごろ～紀元前547年ごろ）はエジプトを訪れた際，巨大なピラミッドの高さを，三角形の相似を使って求めたといわれています。

実際に登って計測せずにですか。

そうです。
タレスはまず棒を地面に垂直に立て，この棒の地面からの高さと，棒がつくる影の長さが等しくなるときに，ピラミッドの影の長さを測りました。
このときタレスは，「棒とその影がつくる三角形」と，「ピラミッドの高さとその影がつくる三角形」が相似な直角二等辺三角形になると考えたのです（次のイラスト）。

うわっ，頭いいですね……。

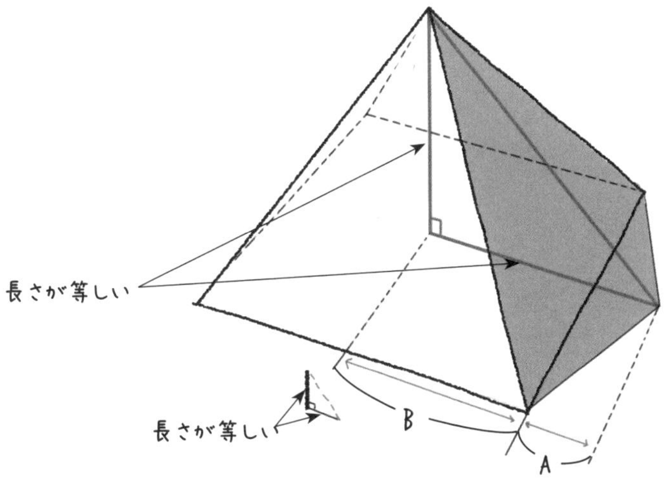

ですから，ピラミッドの中心から端までの距離（B）と，ピラミッドがつくる影の長さ（A）を足し合わせれば，実際に登らなくても，ピラミッドの高さがわかります。

なるほど～。

さらにその後，アレキサンドリアでは天文学が発達しました。
というのも，古代の人たちは，農耕をするうえで種を植える時期や収穫する時期を**暦**によって把握していたからです。そして，正確な暦をつくるためには，季節によって位置が変わる**星の位置**を正確に把握することが必要だったのです。

天文学って，人々が生きていくために必要だったんですね。星の位置なんて，一体どうやって測ったらいいんだろう。

当時の天文学者たちは，**天球**という，プラネタリウムのようなドーム状の天井が空をおおっていて，星はその天球上を移動すると考えていました。

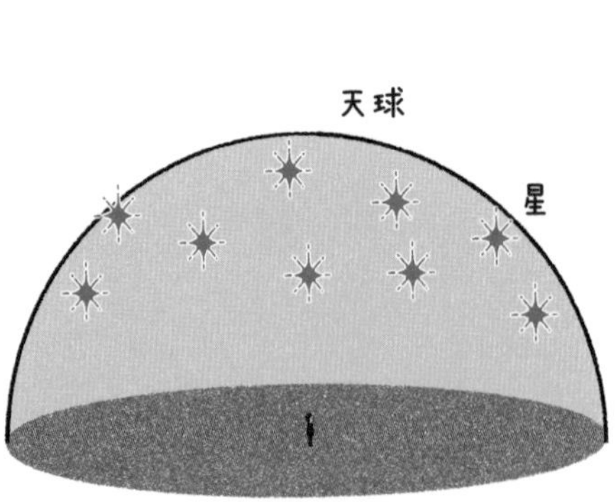

星が天球上のどこにあるのかを記録するためには，星の方角，星を見上げる角度，見上げる角度がつくる弦(円周上の2点を結んだ線分)の長さが必要でした。

スケールがでかい！

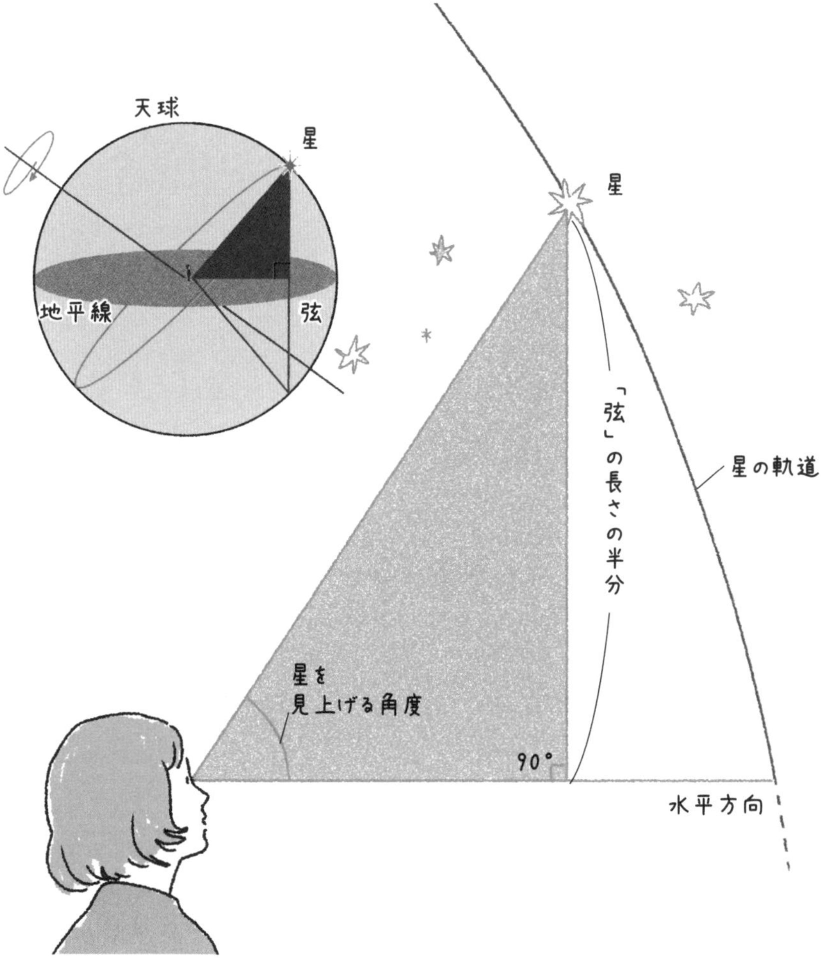

星は天球上に貼りついているのだから，天球のサイズを決めておけば，星を見上げる角度によって，弦の長さが決まります。
ですから，見上げる角度と弦の長さとの関係がくわしく調べられるようになったのです。

そうだったのか……。

関数のところでお話ししたように，関数とは変化する二つの数があるとき，一方の変化する数が決まれば，もう一方の変化する数も決まる，という対応関係をあらわしています。
前のページのイラストのように，「星を見上げる角度」が変われば，それにともなって「弦」の長さも変わりますよね。

たしかに，角度が大きくなれば弦の長さも長くなりますね。

その通りです。
そして，この「角度によって弦の長さが決まる」という考え方を発展させて，三角形の角度と辺の長さの対応関係を関数であらわしたのが「三角関数」なんです。

三角関数って，人々の生活に深くかかわっていたんですね。何だかちょっと親近感が生まれました。

また，**三角関数はここからさらに，直角三角形だけではなく，どんな角度でもあつかえるように発展していったんです。**
これについてはあとからくわしくお話ししますね。

三角関数のキホン「サイン・コサイン・タンジェント」

高校の数学では，直角三角形の**三角比**をまず学びます。次に，それを拡張したものとして，**三角関数**を学びます。

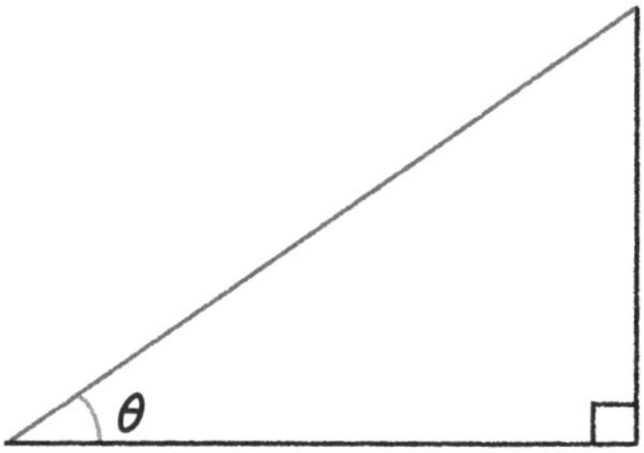

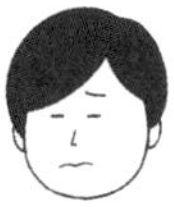

わわ，三角比，思いだしました。**サイン**，**コサイン**，**タンジェント**だ。

そうです。三角比は，直角三角形を前提に定義されています。三角形の内角の和は180°ですから，この図の θ（シータ）という角は，0°＜ θ ＜90°の範囲で考えます。**この θ を，あらゆる角度で使えるようにしたものが，「三角関数」です。**

三角関数は，直角三角形の場合だけじゃなく，いろんなケースで使えるということですか。

そうです。θ はギリシア文字で，角度をあらわすときによく使われます。**サイン，コサイン，タンジェントは関数の一種で，角度の数値を入れると，角度に対応した数値を返してくれます。**

やっぱりむずかしい……。

大丈夫, ではまずはじめに三角比から一つ一つ見ていきましょう。次のイラストを見てください。
三角形ABCは, 角度が30°, 60°, 90°の**直角三角形**です。このとき, 辺ABを**斜辺**, 辺ACを**高さ**, 残る辺BCを**底辺**とよびましょう。
まず, この位置づけをしっかり覚えておいてください。あとからしょっちゅう出てきますからね。

わかりました！

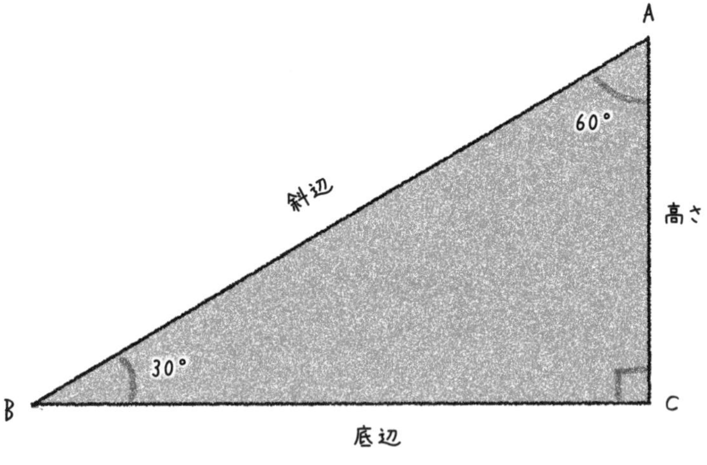

では**サイン**からいきましょう。
サインとは, 斜辺に対する高さの比の値で, 「$\frac{高さ}{斜辺}$」のことをいいます。サインは英語で**sine**, 日本語で正弦といい, 記号**sin**であらわされます。

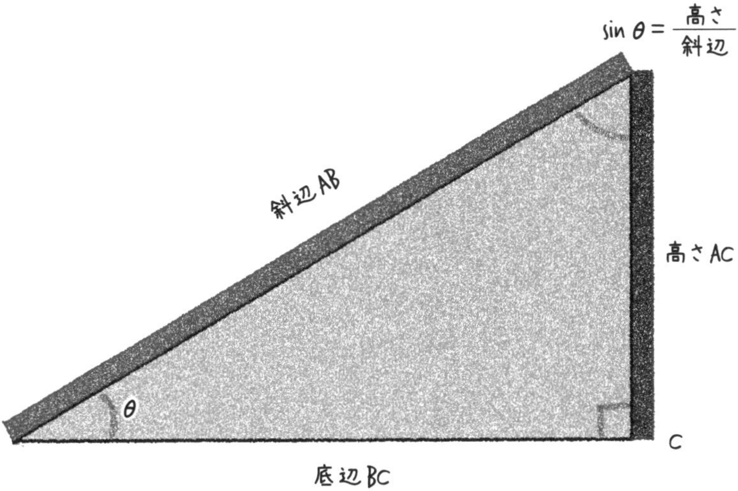

ポイント！

サイン（正弦）……斜辺に対する高さの比の値

$$\sin\theta = \frac{高さAC}{斜辺AB}$$

たとえば斜辺5，高さ3の三角形の場合，$\sin\theta=\dfrac{3}{5}$ となります。

なるほど！

ここで，一つ注意しなくてはならないことがあります。
直角三角形で考える場合，注目する角は左，直角部分が右にくるように配置してください。
こうしないと，それぞれの辺の位置が変わって大混乱してしまいますから。

わかりました。

ではここで，θが30°のときのサインの値を求めてみましょう。
次のイラストは，$\theta = 30°$，斜辺AB＝1の直角三角形です。

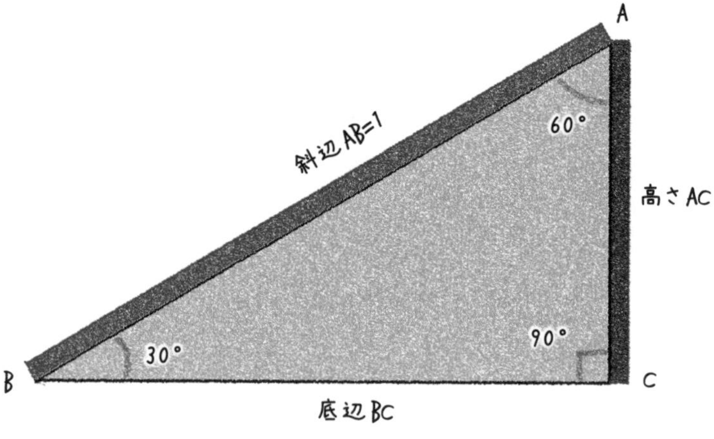

ええっと，$\frac{高さ}{斜辺}$ だから，**sin**30°＝1分の……，あれ，高さACの値がわからないです。

ちょっと一工夫してみましょう。
この直角三角形を上下反転させて，下側にくっつけてみてください。すると，すべての角が60°，つまり正三角形ABDができますね。

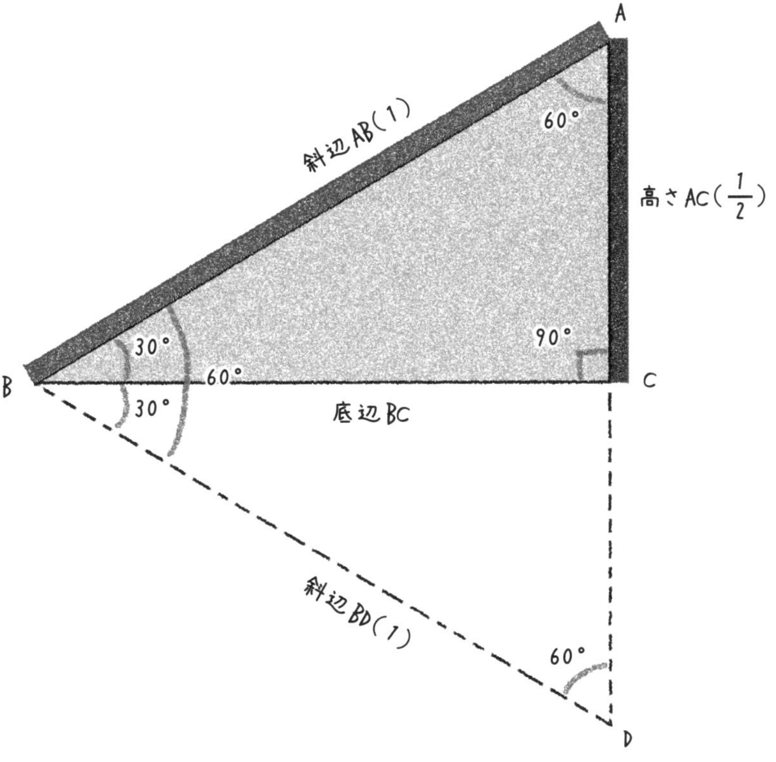

本当だ！　ということは，正三角形ABDの全部の辺は1ってことですね。

正解！　したがって，元の直角三角形の高さACは，辺ADの半分の$\frac{1}{2}$になります。ですから，**θ＝30°のときのサインの値は$\frac{1}{2}$(＝0.5)**となります。
サインの値は，直角三角形の角度が変わらなければ(相似な直角三角形であれば)，つねに変わりません。つまり，**「θ＝30°の直角三角形は，どんな大きさでも，高さは必ず斜辺の長さの半分になる」ということになります。**

なるほど～。こういうしくみだったんですね。

では，θ＝45°のときの$\sin\theta$の値も求めてみましょう。
次のイラストは，θ＝45°，斜辺AB＝1の直角三角形です。

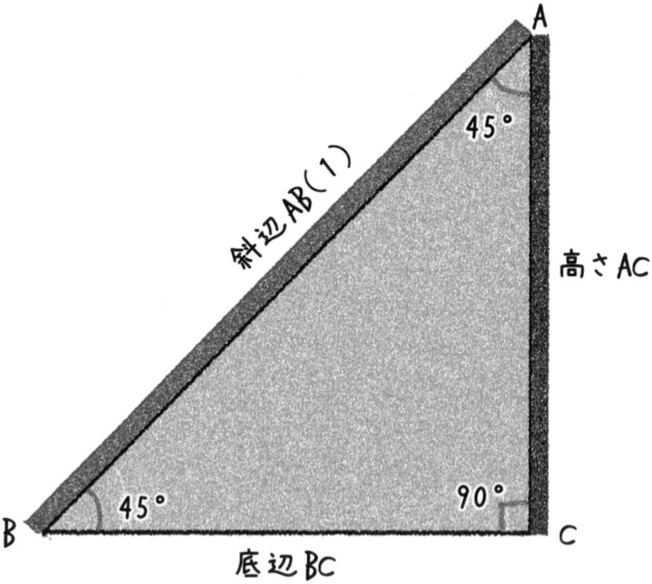

どうするんですか？

ここでは，1時間目でお話ししたピタゴラスの定理(44ページ)を使います。

ピタゴラスの定理では，直角三角形は必ず(高さ)^2＋(底辺)^2＝(斜辺)^{2}が成り立ちます。

はい。

この三角形の内角の和は180°ですから，角Aも45°です。

ということは，この三角形は直角二等辺三角形ということになりますよね。

ですからピタゴラスの定理を使って，以下のように**sin θ**を求めることができます。

ピタゴラスの定理から

$$斜辺\ AB^2 = 高さ\ AC^2 + 底辺\ BC^2$$

直角二等辺三角形だから，高さAC＝底辺BCなので，

$$1^2 = 斜辺\ AB^2 = 高さ\ AC^2 \times 2$$

$$高さ\ AC^2 = \frac{1}{2}$$

$$高さ\ AC = \frac{1}{\sqrt{2}}$$

よって $$\frac{高さ\ AC}{斜辺\ AB} = \frac{1}{\sqrt{2}} \div 1 = \frac{1}{\sqrt{2}}$$

というわけで，**θ＝45°のときのサインの値は$\frac{1}{\sqrt{2}}$(≒0.71)**となります。

θ＝45°の直角三角形は，どんなサイズでも，高さは必ず斜辺の長さの$\frac{1}{\sqrt{2}}$，つまり約0.71倍になります。

三角関数って，ピタゴラスの定理ともつながってるんですね！

その通りです。こんなふうにピタゴラスの定理を使えば，そのほかの直角三角形のサインの値も出すことができます。たとえば，$\theta = 60^\circ$の場合の$\sin\theta$を計算してみましょうか。$\theta = 60^\circ$の三角形は，最初に計算した$\theta = 30^\circ$の直角三角形の高さと底辺を入れ替えただけですよね。

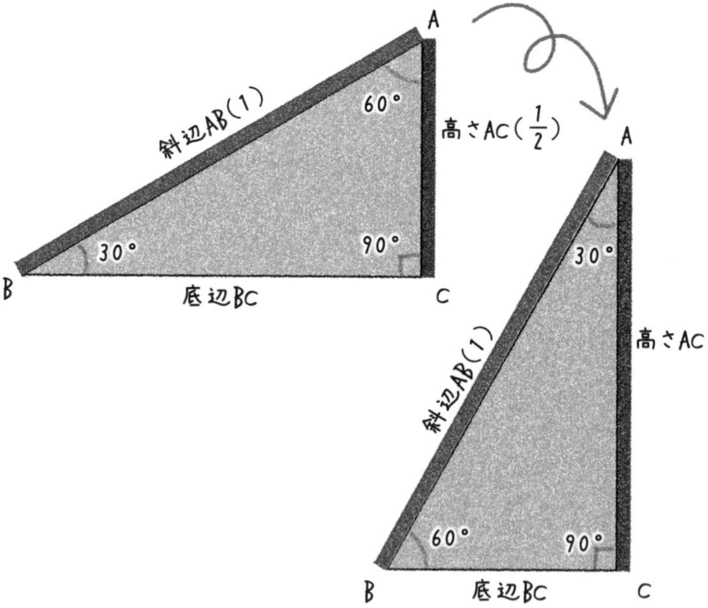

本当だ！

ですから，斜辺ABを1とすると，底辺BCは$\frac{1}{2}$となります。高さACをまたピタゴラスの定理を使って計算すると，$\frac{\sqrt{3}}{2}$になります。

ですから，$\theta=60^\circ$ のときのサインの値は $\frac{\sqrt{3}}{2}$（≒0.87）となります。

$\theta=60^\circ$ の直角三角形は，どんな大きさでも，高さは必ず斜辺の長さの $\frac{\sqrt{3}}{2}$，つまり約0.87倍になります。

一番下は，θ が30°，45°，60°のときのサインの値を一覧にしたものです。

ピタゴラスの定理から

$$斜辺\ AB^2=高さ\ AC^2+底辺\ BC^2$$

$$1^2=高さ\ AC^2+\left(\frac{1}{2}\right)^2$$

$$高さ\ AC^2=1-\frac{1}{4}$$

$$高さ\ AC^2=\frac{3}{4}$$

よって $$高さ\ AC=\frac{\sqrt{3}}{2}$$

だから $$\frac{高さ\ AC}{斜辺\ AB}=\frac{\sqrt{3}}{2}\div 1=\frac{\sqrt{3}}{2}$$

θ	$\sin\theta$
30°	$\frac{1}{2}$（＝0.5）
45°	$\frac{1}{\sqrt{2}}$（≒0.71）
60°	$\frac{\sqrt{3}}{2}$（≒0.87）

先生，θ が大きいほど，サインの値も大きくなっていきますね。

そうなんです。角度が0°から90°に近づくにつれて，サインの値は0から1に向かって大きくなり，0°に近づくにつれてサインの値は0に近づいていきます。

次のイラストは，斜辺の長さが1で，θが30°，45°，60°の三つの直角三角形を半径1の円の中に重ねてえがいたものです。

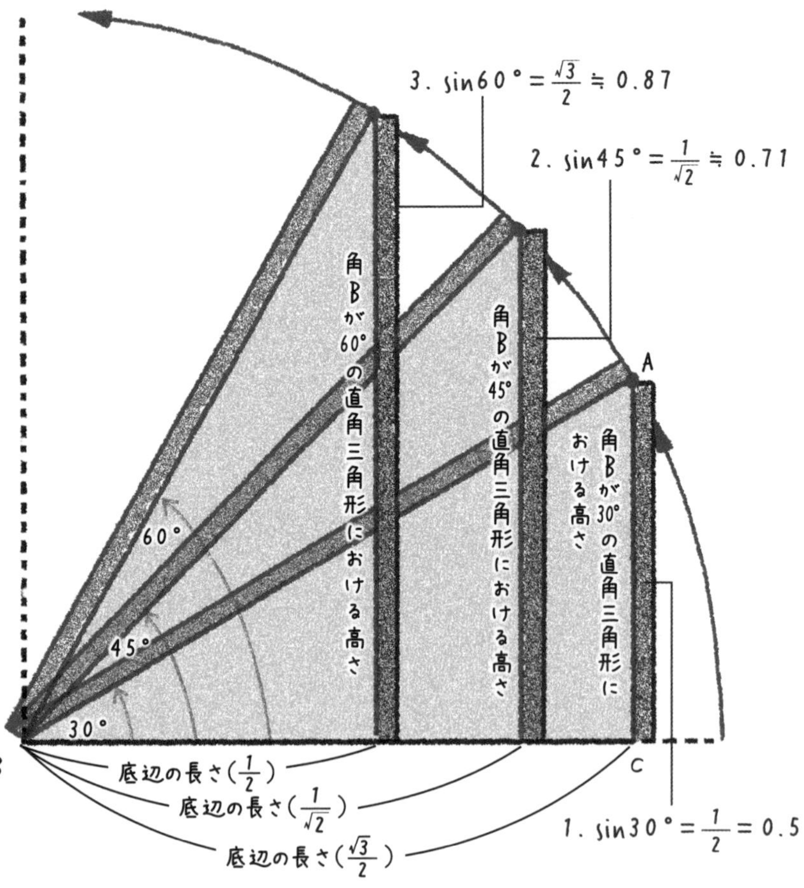

サイン は，これらの直角三角形の高さに対応するので，角度が大きくなるにしたがって，サインの値が徐々に大きくなることが，一目でわかると思います。

たしかに，そうなっていますね。

また，前のページのイラストでわかるように，角度が90°に近づくにつれて，サインの値は1に近づいていき，反対に0°に近づくにつれて，サインの値は0に近づいていきます。
つまり，0°から90°の間で，サインの値は0から1へと変化していくのです。

なるほど！

ここでは30°，45°，60°の $\sin\theta$ の値を求めましたが，それ以外のさまざまな角度に対するサインの値が表としてまとめられています。

毎回計算する必要はないんですね。

そうです。今は**関数電卓**などで簡単に数値が出せてしまいますがね。

昔の人の知恵はすごいですね……。

そうですね。続いて，**コサイン**，**タンジェント**の値についても見ていきましょうか。
コサインもタンジェントも，サインと同じく辺の比の値です。

まずはコサインです。

コサインは斜辺に対する底辺の比の値で，「$\frac{\text{底辺}}{\text{斜辺}}$」のことをいます。英語でcosine，日本語で余弦といい，記号「cos」であらわされます。

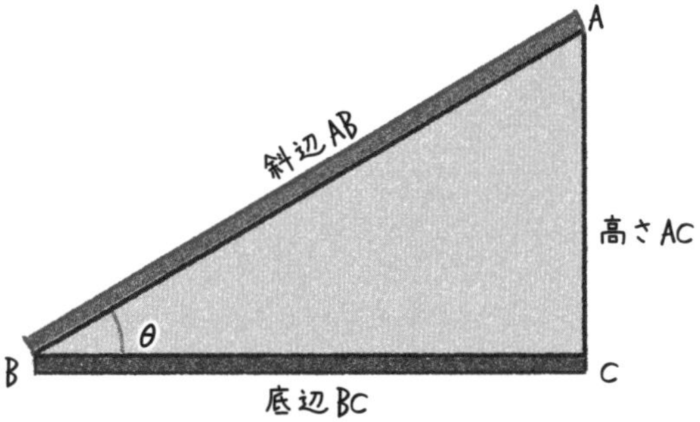

ポイント！

コサイン（余弦）……斜辺に対する底辺の比の値

$$\cos\theta = \frac{\text{底辺}BC}{\text{斜辺}AB}$$

コサインの値も，サインのときと同じようなやりかたで求めることができます。
下の表は，cos30°，cos45°，cos60°の値です。本当にこの値になるか，導出に挑戦してみてください。

θ	$\cos\theta$
30°	$\frac{\sqrt{3}}{2}$ (≒0.87)
45°	$\frac{1}{\sqrt{2}}$ (≒0.71)
60°	$\frac{1}{2}$ (＝0.5)

コサインの場合，θが大きくなるにつれて，値は小さくなっていきますね。

その通りです。コサインの場合，θが90°に近づくにつれて，0に近づいていきます。逆に角度を小さくすると，コサインの値は1に近づいていきます。
つまり，角度が0°から90°に大きくなるにつれ，コサインの値は1から0に向かって小さくなるのです。
次のページのイラストは，斜辺の長さが1でθが30°，45°，60°の三つの直角三角形を半径1の円の中に重ねてえがいたものです。コサインは，これらの直角三角形の底辺の長さに対応するので，角度が大きくなるにしたがって，コサインの値が徐々に小さくなることが，一目でわかると思います。

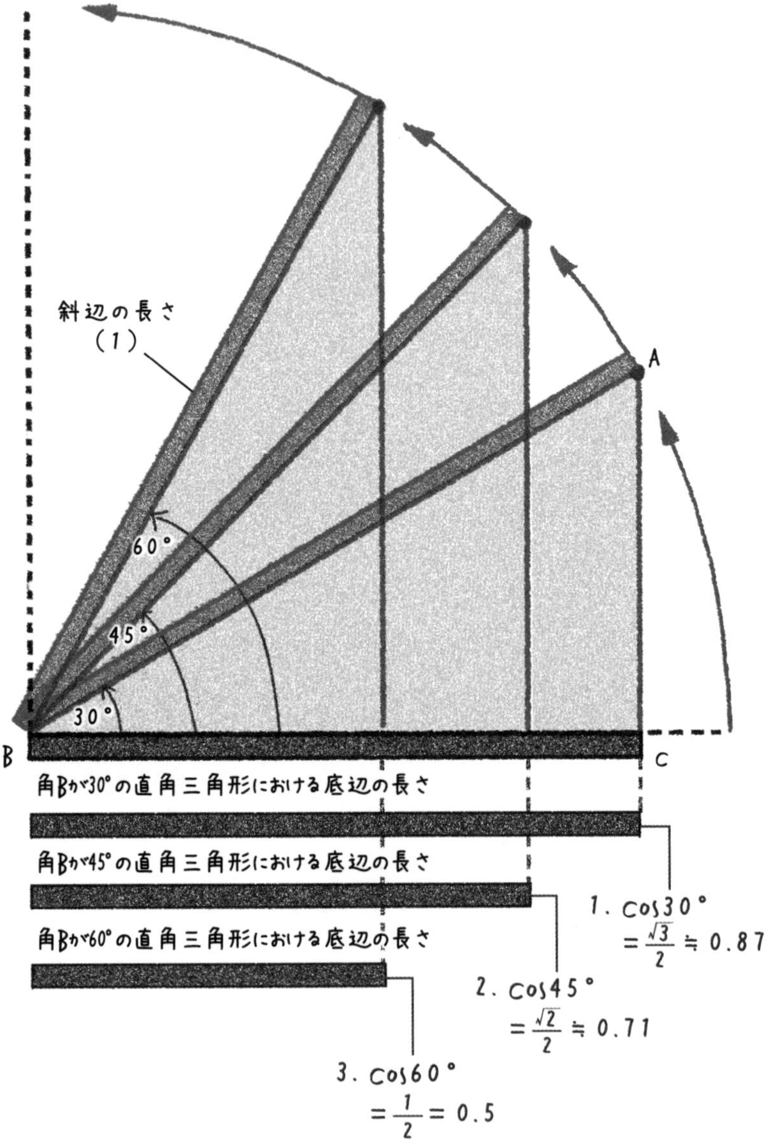
斜辺の長さ
（1）
A
60°
45°
30°
B
C
角Bが30°の直角三角形における底辺の長さ
角Bが45°の直角三角形における底辺の長さ
角Bが60°の直角三角形における底辺の長さ
1. cos30°
$=\frac{\sqrt{3}}{2}\fallingdotseq 0.87$
2. cos45°
$=\frac{\sqrt{2}}{2}\fallingdotseq 0.71$
3. cos60°
$=\frac{1}{2}=0.5$

サインとは反対ですね！

続いて，タンジェントも見てみましょう。
タンジェントとは，底辺に対する高さの比の値で，「$\frac{\text{高さ}}{\text{底辺}}$」のことをいます。英語で**tangent**，日本語で正接といい，記号「tan」であらわされます。

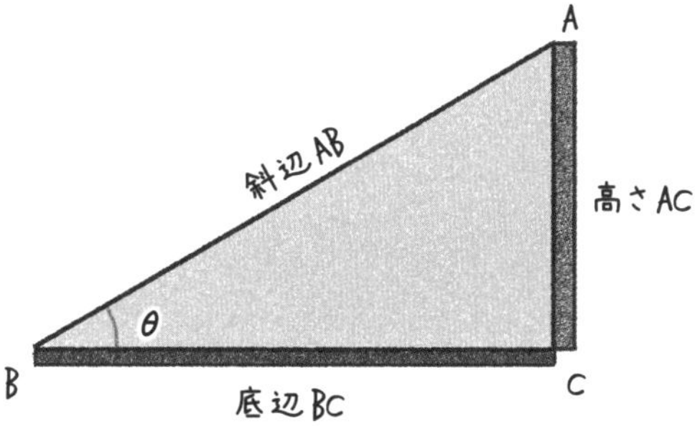

ポイント！

タンジェント（正接）……底辺に対する高さの比の値

$$\tan\theta = \frac{\text{高さ}AC}{\text{底辺}BC}$$

タンジェントも，サイン，コサインと同じように，斜辺が1の直角三角形のθ＝30°，45°，60°の値をとって見ましょう。

θ	$\tan\theta$
30°	$\frac{1}{\sqrt{3}}$（≒0.58）
45°	1
60°	$\sqrt{3}$（≒1.73）

タンジェントは，θが大きくなるとタンジェントの値も大きくなっていきますね！
サインと同じですね！

しかし！

タンジェントの場合は1点，ことなる部分があります。
それは，タンジェントの値には上限がない，という点です。
90°に近づくにつれて，タンジェントの値は無限に大きくなり，逆に角度を小さくすると，タンジェントの値は0に近づいていきます。
つまり，**角度が0°から90°に大きくなるにつれて，タンジェントの値は0から∞（無限大）に向かって大きくなるのです。**
これらの関係については，あとからくわしく説明しますね。

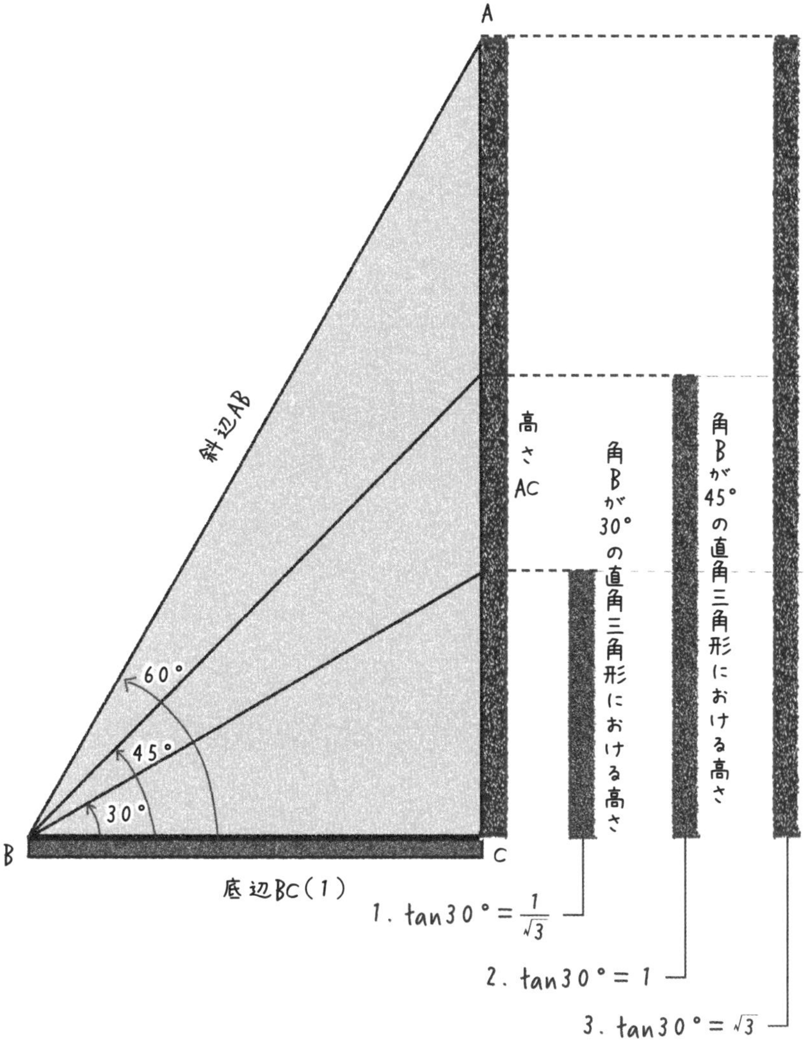
A
斜辺AB
高さAC
60°
45°
30°
B
C
底辺BC（1）
角Bが30°の直角三角形における高さ
角Bが45°の直角三角形における高さ
角Bが60°の直角三角形における高さ
1. $\tan 30° = \frac{1}{\sqrt{3}}$
2. $\tan 30° = 1$
3. $\tan 30° = \sqrt{3}$

サインとコサインの重要な関係

ふぅ〜。三角形からサイン，コサイン，タンジェントを導きだすことができました〜。

そうですよね。でも，さらにすごいことを教えてあげましょうか。**実はサイン，コサイン，タンジェントはそれぞれ密接に関係していて，その関係を知れば，三つのうちいずれかの値がわからなくても，ほかの三角関数から値を求められるんです。**

そうなんですか!?　すっかり忘れていますが……。

フフフ。すごいでしょう。
まず，サインとコサインの関係からお話しします。
$\theta = 0 \sim 90^\circ$ の $\sin\theta$ と $\cos\theta$ の値をもう一度ふりかえってみましょう。

θ	$\sin\theta$	$\cos\theta$
0°	0	1
30°	$\frac{1}{2}$ $(=0.5)$	$\frac{\sqrt{3}}{2}$ $(\fallingdotseq 0.87)$
45°	$\frac{1}{\sqrt{2}}$ $(\fallingdotseq 0.71)$	$\frac{1}{\sqrt{2}}$ $(\fallingdotseq 0.71)$
60°	$\frac{\sqrt{3}}{2}$ $(\fallingdotseq 0.87)$	$\frac{1}{2}$ $(=0.5)$
90°	1	0

あ，$\sin 45^\circ$ と $\cos 45^\circ$ の値が同じ……。
それに，$\sin 0^\circ$ と $\cos 90^\circ$，$\sin 30^\circ$ と $\cos 60^\circ$，$\sin 60^\circ$ と $\cos 30^\circ$ もそれぞれ同じだ！　いったいなぜですか!?

その通り！
次のページのイラスト「1-*a*」を見てください。角B＝θ，角C＝90° の直角三角形ABCです。
角Bについて，サインとコサインを求めると，「1-*b*」のようになります。

ふむふむ。

今度は直角三角形ABCの角Aに注目してみましょう。
直角三角形の内角の和は180°なので，直角部分を除いた残り二つの角度の和は，どんなときでも必ず90°となります。そのため，角Aの大きさは「$90^\circ-\theta$」となります。
ここで角Aの位置をくるっとまわして，角Aに着目してサインとコサインを求めてみます（2-*a*）。角Aの大きさは$90^\circ-\theta$ですから，サインとコサインは「2-*b*」のようにあらわせますね。

あ！　グレーの背景部分の式は両方とも $\frac{AC}{AB}$，ピンク色の背景部分の式は両方とも $\frac{BC}{AB}$ ですね。

そうです。ここから，サインとコサインの間には，

$\sin\theta=\cos(90^\circ-\theta)$，$\cos\theta=\sin(90^\circ-\theta)$ という関係が導かれることがわかります。
これが，**三角関数の重要公式①**です。

1-a

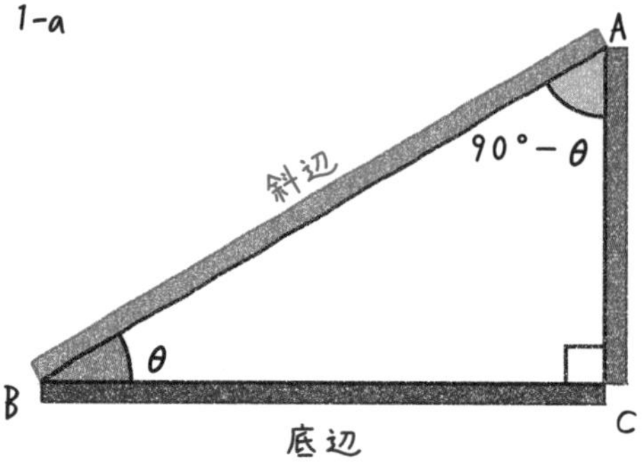

1-b

$$\sin\theta = \frac{\text{高さ}}{\text{斜辺}} = \frac{AC}{AB}$$

$$\cos\theta = \frac{\text{底辺}}{\text{斜辺}} = \frac{BC}{AB}$$

三角関数の重要公式①

$$\sin\theta = \cos(90^\circ - \theta)$$
$$\cos\theta = \sin(90^\circ - \theta)$$

2-a

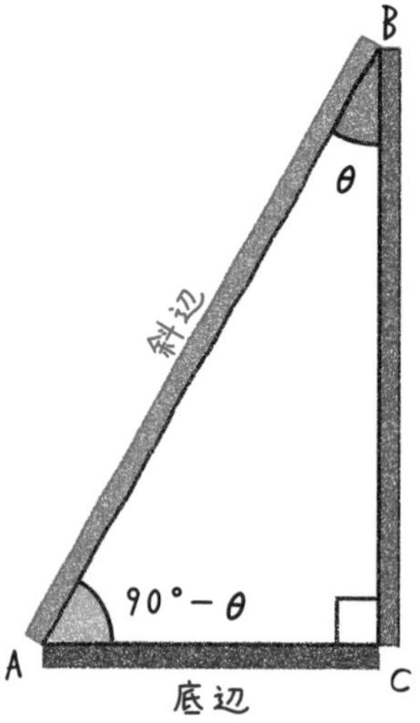

2-b

$$\sin(90^\circ - \theta) = \frac{\text{高さ}}{\text{斜辺}} = \frac{BC}{AB}$$

$$\cos(90^\circ - \theta) = \frac{\text{底辺}}{\text{斜辺}} = \frac{AC}{AB}$$

ポイント！

三角関数の重要公式①

$$\sin\theta = \cos(90^\circ - \theta)$$
$$\cos\theta = \sin(90^\circ - \theta)$$

サイン÷コサイン＝タンジェント！

次にタンジェントと，サインおよびコサインの関係を見ていきましょう。角Cが直角である直角三角形ABCにおいて，角Bの大きさをθとします。
次のページのイラストと式を見てください。
ここまで見てきたように$\sin\theta=\frac{AC}{AB}$，$\cos\theta=\frac{BC}{AB}$が成り立ちます。分母を消すために，この二つの式の両辺にABをかけてみましょう。

ええと，$AB\sin\theta=AC$，$AB\cos\theta=BC$，ですね。

大正解！　つまり，高さACは「$AB\sin\theta$」，底辺BCは「$AB\cos\theta$」とあらわすことができるわけです。
$\tan\theta=\frac{高さ}{底辺}$ですから，この式に，「高さ$AC=AB\sin\theta$」と「底辺$BC=AB\cos\theta$」をあてはめると，$\tan\theta=\frac{高さ}{底辺}=\frac{AB\sin\theta}{AB\cos\theta}$となります。
分母，分子のABを約分すると，$\tan\theta=\frac{\sin\theta}{\cos\theta}$という公式が導きだされることがわかります。
これが，**三角関数の重要公式②**です。

タンジェントって，サインをコサインで割ったものなんですね！

その通り。この式は，タンジェントをサインとコサインに置きかえる大切な式です。これらの重要公式を知っていれば，いずれかの値がわからなくても，ほかの三角関数から値を求められるのです。

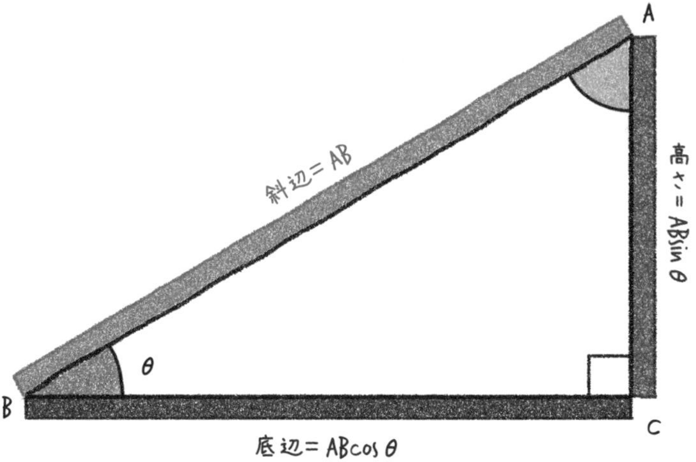

$$\tan\theta = \frac{\text{高さ}}{\text{底辺}} = \frac{AB\sin\theta}{AB\cos\theta}$$

三角関数の重要公式②

$$\tan\theta = \frac{\sin\theta}{\cos\theta}$$

ポイント！

三角関数の重要公式③

$$\tan\theta = \frac{\sin\theta}{\cos\theta}$$

サインとコサインを結ぶピタゴラスの定理

44ページで，**ピタゴラスの定理**についてお話ししました。実はこのピタゴラスの定理も，サインとコサインを結びつけているのです。

ピタゴラスの定理を使って，サイン，コサイン，タンジェントの値を導きだしましたよね。
サインとコサインを結びつける，ってどういうことなんでしょう。

次のページのイラストを見てください。
直角三角形であれば必ず，ピタゴラスの定理，つまり（高さ）^{2}＋（底辺）^{2}＝（斜辺）^{2}が成り立ちます。
斜辺の長さを1とすると，「$\sin\theta$＝高さ÷1＝高さ」，「$\cos\theta$＝底辺÷1＝底辺」が成り立ちます。この高さと底辺を先ほどのピタゴラスの定理の式に当てはめると，サインとコサインの間には，$\sin^2\theta+\cos^2\theta=1$という関係が成り立つことがわかります。
これが，**三角関数の重要公式③**です。

なるほど。つながっていますねえ。

そうです。
この公式を使えば，サインの値がわかっているならコサインの値を，コサインの値がわかっているならサインの値を求めることができるのです。
とても便利なので，ぜひ覚えておいてください。

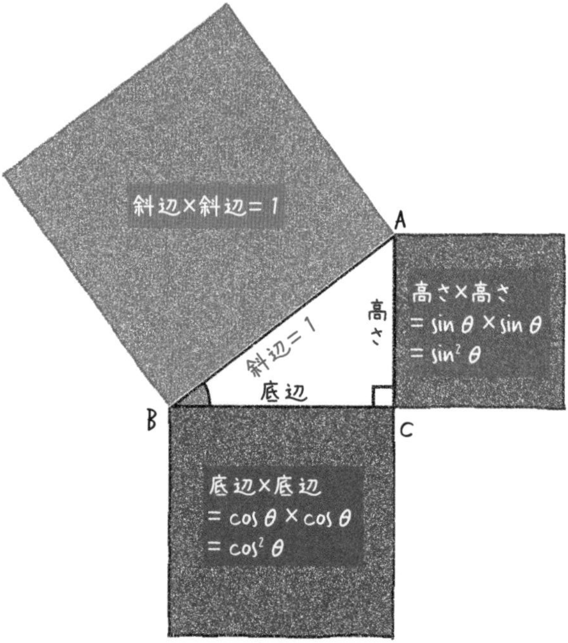

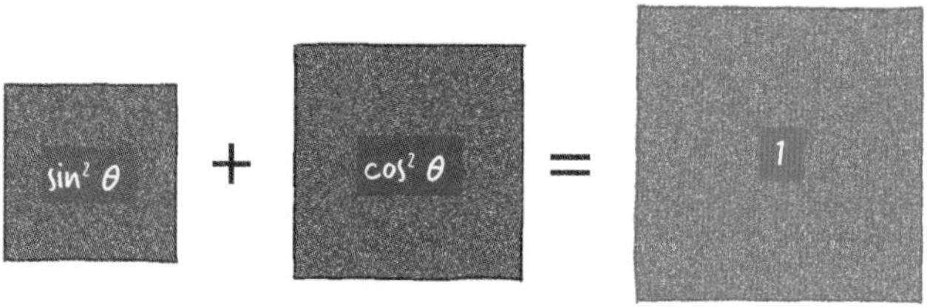

三角関数の重要公式③

$$\sin^2\theta + \cos^2\theta = 1$$

ポイント！

三角関数の重要公式③

$$\sin^2\theta + \cos^2\theta = 1$$

は，はい……。使う場面があるといいのですが……。

ためしに，**sin**30°，**cos**30°で計算してみましょうか。134ページのサインとコサインの値の表を見てみてください。$\sin 30° = \frac{1}{2}$ ですよね。

ふむふむ。

sin30°の2乗（$\sin^2 30°$と書きます）は $(\frac{1}{2})^2 = \frac{1}{4}$ です。
一方，**cos**30°は，これも一覧表から，$\frac{\sqrt{3}}{2}$ です。
つまり，$\cos^2 30° = (\frac{\sqrt{3}}{2})^2 = \frac{3}{4}$ です。
三角関数の重要公式③にあてはめて，$\sin^2 30°$ と $\cos^2 30°$ を足し合わせてみましょう。

$\frac{1}{4}$ と $\frac{3}{4}$ を足すんだから $\frac{4}{4}$ ですね……って，1になりました！

そう。$\frac{1}{4} + \frac{3}{4} = \frac{4}{4} = 1$，つまり，先ほどの重要公式③，「サインの2乗とコサインの2乗を足すと1になる」がたしかに成り立っていますね。

主役はコサイン！　「余弦定理」

ここまで見てきた三角関数の重要公式①～③は，どれか一つの値がわからなくても，別の三角関数から値を求めることができるものでした。
今度は，物の長さや面積を求めるときに使える，とっても便利な定理も二つ，紹介しましょう。

えっ！　そんな便利な公式習ったっけな……。

習ったはずなんですがね。まあ，気にせずさっそく見ていきましょう。一つ目は**余弦定理**です。
余弦定理を使うと，三角形の二つの辺と，その間の角から，残った1辺の長さを計算できるんです。

すごい！

次のページのイラストを見てください。
図の三角形は，辺a，b，c（それぞれ角A，B，Cの対辺）のうち，aとbの長さはわかっていますが，cの長さはわかりません。そして角Cは60°です。
ここで役立つのが，$c^2 = a^2 + b^2 - 2ab\cos C$という公式です。
これが，**三角関数の重要公式④余弦定理**です。
この式にa，b，$\cos C$の値を入れると，簡単に辺cの長さを求めることができるのです。

むむむ……。

ポイント！

三角関数の重要公式④余弦定理

$$c^2 = a^2 + b^2 - 2ab\cos C$$

次の三角形は，余弦定理を使えば，辺AB（c）の長さが計算できる。

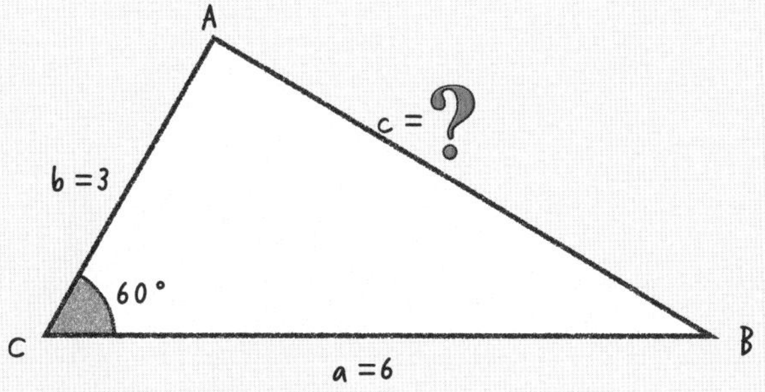

辺a，b，cの間には，余弦定理により，次の関係が成り立つ。

$$c^2 = a^2 + b^2 - 2ab\cos C$$

$a = 6$，$b = 3$，$\cos C = \cos 60° = \frac{1}{2}$ を上の式に代入する。

$$c^2 = 6^2 + 3^2 - 2 \times 6 \times 3 \times \frac{1}{2}$$
$$= 36 + 9 - 18 = 27$$

cは正の数なので，

$$c = \sqrt{27} = 3\sqrt{3}$$

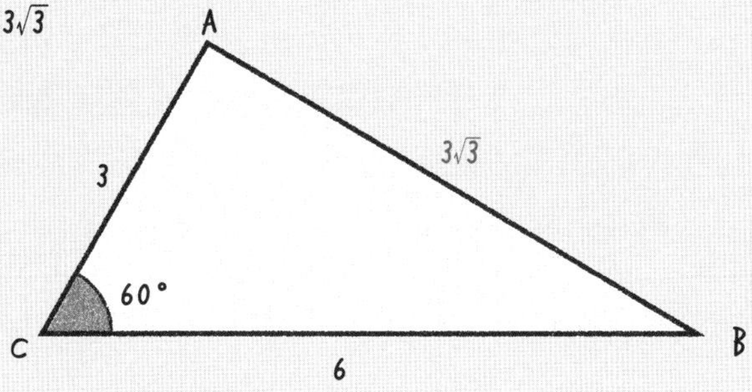

ちょっとフクザツですけど，ホントに辺cの長さが出ましたね！

このように，**余弦定理は，三角形の二つの辺とその間の角度がわかっているときに，残った1辺の長さを簡単に計算することができるんです。**
ですから，たとえばある二つ場所の距離を知りたいけど，その間に障害物があって直接距離が測れないときなどにも使えますね。

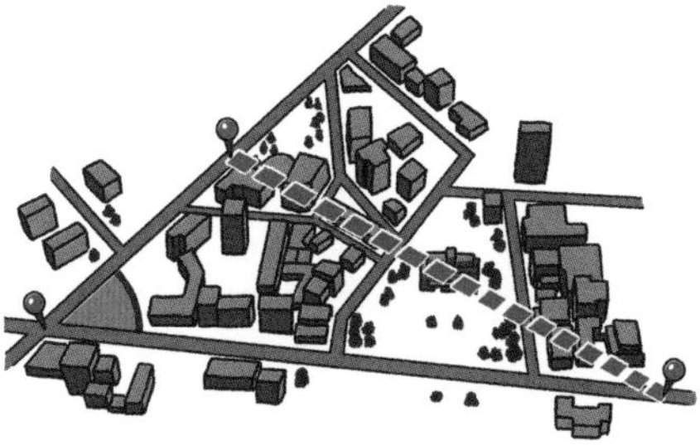

すごい！　便利ですねえ。

そして，この公式は，もし角Cが90°の直角三角形のときは，$\cos 90^\circ = 0$なので，余弦定理にあてはめると，$c^2 = a^2 + b^2$になります。ということは，この式はピタゴラスの定理（44ページ）に一致します。
このことから，**余弦定理は，直角三角形に関するピタゴラスの定理を一般の三角形でも使えるように拡張したものだといえるんです。**

決め手はサイン！　「正弦定理」

続いて，もう一つの便利な公式を見ていきましょう。二つ目は，**正弦定理**です。
正弦定理は，一つの辺と二つの角がわかっているとき，残りの辺の長さを求めることができる定理なんです。

正弦定理のほうは，角が二つと辺が一つなんですね。

次のページのイラストを見てください。
この三角形ABCは，角Bとその対辺bの長さと角Aがわかっていますが，角Aの対辺aの長さがわかりません。
ここで役立つのが，$\frac{a}{\sin A}=\frac{b}{\sin B}=\frac{c}{\sin C}$という公式です。ここで，頂点Aに向かいあう辺を角Aの対辺とよび，その長さをaとかきました。b，cも同様です。
これが，サインが活躍する**三角関数の重要公式⑤正弦定理**です。

サインがキモなわけか……。

次のページに角Aと角B，および辺bの長さがわかっている三角形をえがきました。
ここで正弦定理の式に$\sin A$，$\sin B$，bの値を代入すれば，aの長さを簡単に知ることができます。

余弦定理と同じで，測量に使えそうですね。

正弦定理もなかなかすごいでしょう。

ポイント！

三角関数の重要公式⑤正弦定理

$$\frac{a}{\sin A} = \frac{b}{\sin B} = \frac{c}{\sin C}$$

この三角形は，正弦定理を使えば辺BC(a)の長さが計算できる。

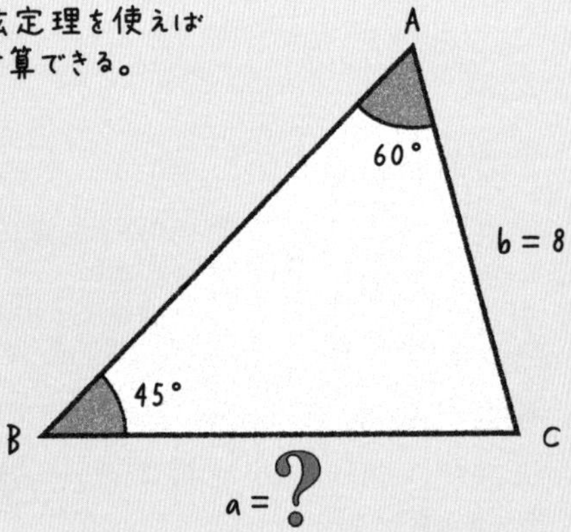

正弦定理

$$\frac{a}{\sin A} = \frac{b}{\sin B}$$

に，b = 8，A = 60°，B = 45°を代入する。

$$\frac{a}{\sin 60°} = \frac{8}{\sin 45°}$$

式を変形して「a =…」の形にすると，

$$a = \sin 60° \times \frac{8}{\sin 45°}$$

$$= \frac{\sqrt{3}}{2} \times 8 \div \frac{\sqrt{2}}{2}$$

$$= 4\sqrt{6}$$

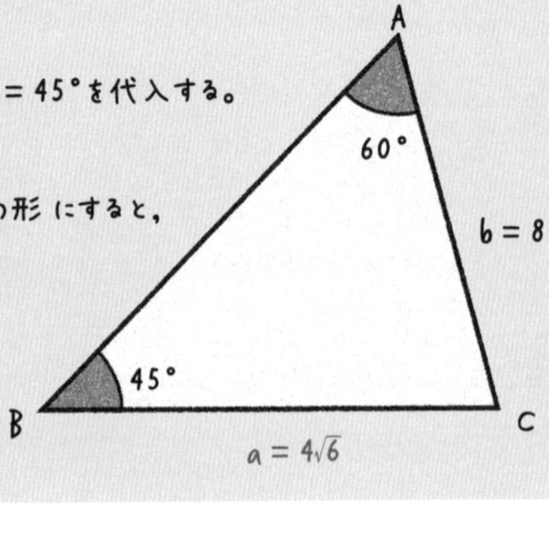

三角関数は円の関数ともいえる

さて，ここまでは，直角三角形における辺の比としての三角関数を見てきました。でも，これではθが0°から90°の間でしか使うことができません。
どうせならどんな角度でも三角関数をあつかうことができれば，さらに便利ではないですか？

ええ，まあ……たしかに。

そこで！　三角関数を定義し直してみましょう。ここまで，三角関数の値を，直角三角形を使って考えてきましたが，そうではなくて，**円**を使って考えるんです！

円，ですか。

はい。**実は，三角関数は，「円の関数」だと考えたほうがわかりやすいのです。**実際，三角関数は**円関数**とよばれることもあるんですよ。

どうやって円で考えるんですか!?

まず，134～141ページでは，斜辺の長さが1の直角三角形を使って三角関数の値の変化を見てきましたね。角度が変わるごとに，頂点Aは円弧，すなわち円の一部をえがいていました。

は，はい。たしかにそうでした。

そこで，ここでは円と座標を使って三角関数を定義し直してみましょう。
x軸とy軸をさだめて，原点を中心として半径1の円をえがきます。この円を**単位円**といいます。
この単位円上に，点Pをとり，点Pと原点Oを線で結びます（線分OP）。この線分OPがx軸となす角度をθとします。下のイラストを見てください。
x軸と，点Pから下ろした垂線との交点をCとすると，直角三角形OPCができます。この直角三角形に注目すると，これまでの定義から$\cos\theta=\frac{OC}{1}=OC$, $\sin\theta=\frac{PC}{1}$となりますね。
ここから点Pは，x座標を$\cos\theta$，y座標を$\sin\theta$とあらわせることになります。

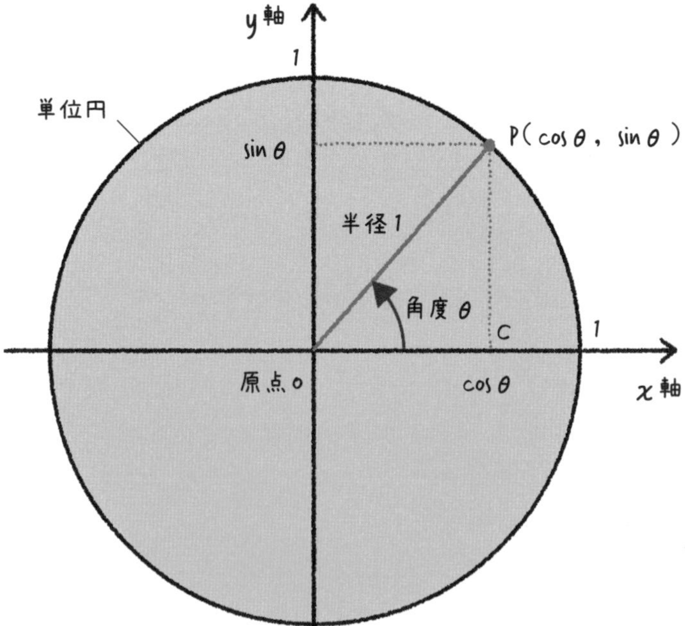

なるほど。

そこで，三角関数の定義を見直して，単位円上を点Pがぐるぐるまわるとき，点Pのx座標を$\cos\theta$，y座標を$\sin\theta$と定義し直しましょう。

へえ〜。たしかに，円関数といわれてもしっくりくるなあ……。

次のページの上のイラストを見てください。この新たな定義で考えると，点Pが，点D(1，0)から反時計まわりに30°回転したとき(点A)，x座標は$\cos 30° = \frac{\sqrt{3}}{2}$，$y$座標は$\sin 30° = \frac{1}{2}$となります。60°回転したとき，$x$座標は$\cos 60° = \frac{1}{2}$，$y$座標は$\sin 60° = \frac{\sqrt{3}}{2}$となります。
このように，三角関数を円の関数として定義し直すことで，これから説明するように，三角関数は直角三角形のしばりから解き放たれて，90°以上の角度や，マイナスの角度だってあつかうことができるようになるのです。

円で考えると，ぐっと自由度が増す感じがしますね。

そうでしょう。では実際に角度が90°をこえるときを考えてみましょう。たとえば，点Pが，点D(1，0)から反時計まわりに**150°**回転した場合です。このとき，150°の点は，30°の点$(\frac{\sqrt{3}}{2}, \frac{1}{2})$を$y$軸で左右反転させたときの点と重なります。
そのため，点Pの座標は$(-\frac{\sqrt{3}}{2}, \frac{1}{2})$となり，$\cos 150° = -\frac{\sqrt{3}}{2}$，$\sin 150° = \frac{1}{2}$となります。(次のページのイラスト下)。

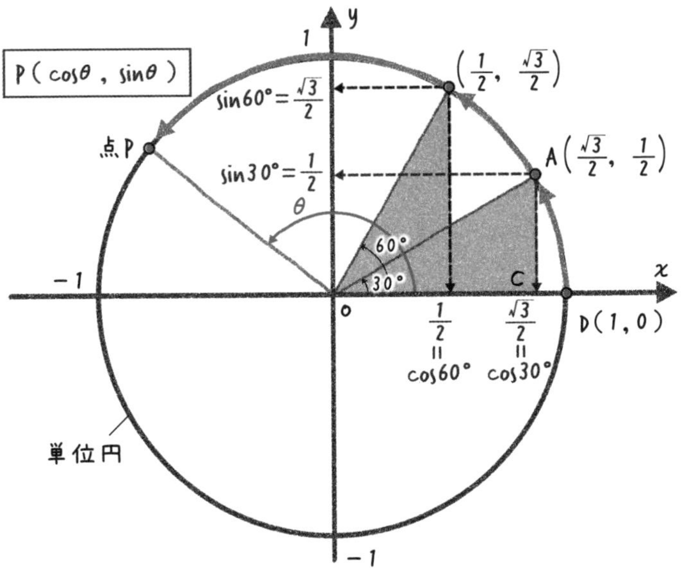
y
1
P (cosθ , sinθ)
$\left(\frac{1}{2}, \frac{\sqrt{3}}{2}\right)$
$\sin 60° = \frac{\sqrt{3}}{2}$
点P
A $\left(\frac{\sqrt{3}}{2}, \frac{1}{2}\right)$
$\sin 30° = \frac{1}{2}$
θ
60°
30°
−1
x
C
o
$\frac{1}{2}$
‖
cos60°
$\frac{\sqrt{3}}{2}$
‖
cos30°
D(1, 0)
単位円
−1

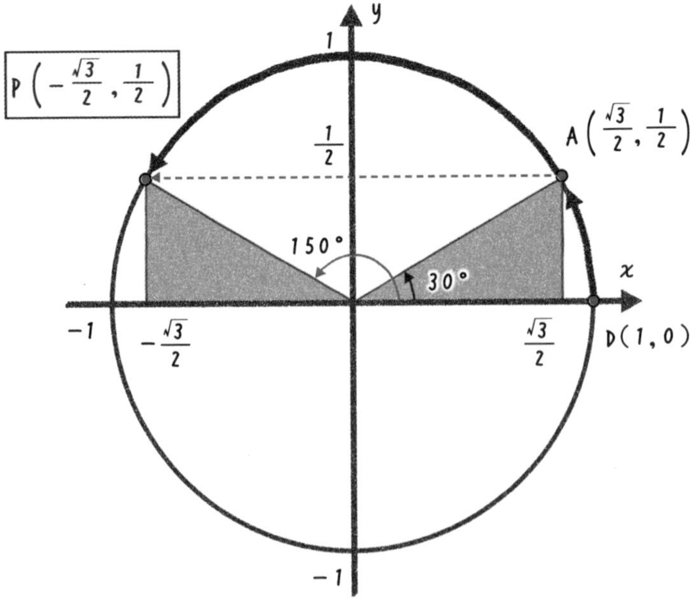
y
1
P $\left(-\frac{\sqrt{3}}{2}, \frac{1}{2}\right)$
A $\left(\frac{\sqrt{3}}{2}, \frac{1}{2}\right)$
$\frac{1}{2}$
150°
30°
x
−1
$-\frac{\sqrt{3}}{2}$
$\frac{\sqrt{3}}{2}$
D(1, 0)
−1

次に，負の値をもつ角度のときを考えてみましょう。角度は反時計まわりに回転すると正の値，時計回りに回転すると負の値をとると決めます。

次のイラストは，点P′が，点Dから－30°回転した場合です。－30°の点は，30°の点をx軸で上下反転させたときの点と重なります。したがって，このときの点P′の座標は$\left(\frac{\sqrt{3}}{2},\ -\frac{1}{2}\right)$となります。よって，$\cos(-30°)=\frac{\sqrt{3}}{2}$，$\sin(-30°)=-\frac{1}{2}$となります。

本当だ，マイナスの角度の値も出せましたね！

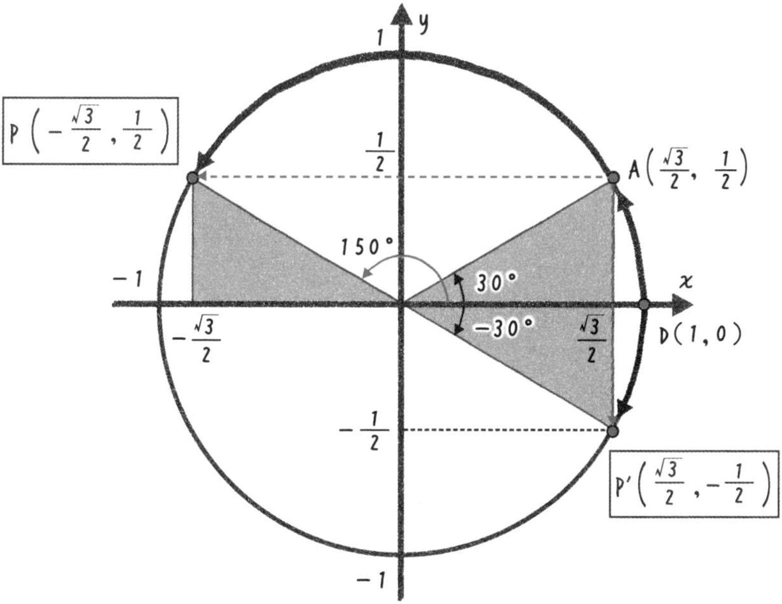

memo

三角比と三角関数のちがい

三角比は直角三角形を前提に定義されているので，θ は通常，$0 < \theta < 90°$ の範囲になる（三角形の内角の和は180°）。

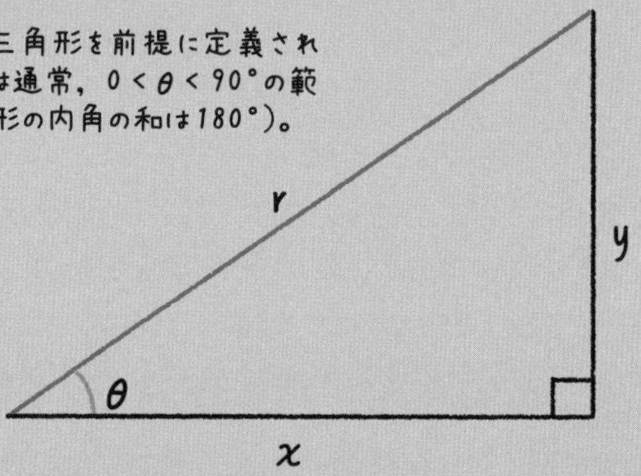

$$\cos\theta = \frac{x}{r},\ \sin\theta = \frac{y}{r},\ \tan\theta = \frac{y}{x}$$

三角関数の値の例

半径1の円周上を点Pが動くと考え，三角比をどんな角度でも使えるように拡張したものが三角関数。

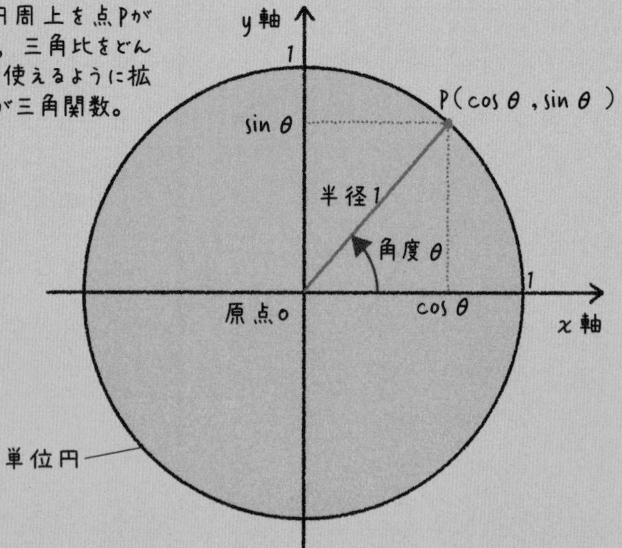

「円の弧の長さ」で角度もあらわせる！

先生，ここにきてようやく，三角関数のすごさをじわじわと感じてきてます。サインとコサインを座標で考えるなんて，すごい発想ですね。

そうでしょう？　また，もう一つ重要なポイントがあります。一般的には，角度は，30°や60°など度数法であらわすことがほとんどです。しかし，高校数学では，角度は通常，1周360°を2π（πは円周率で約3.14）とする弧《こ》度《ど》法《ほう》であらわすことが普通です。
弧度法は，度数法とはまたちがう角度のあらわし方です。
弧度法では，360°は2π，180°はπ，90°は$\frac{\pi}{2}$，60°は$\frac{\pi}{3}$，45°は$\frac{\pi}{4}$，30°は$\frac{\pi}{6}$になります。

うう……。また一段とフクザツになっていくのですね。

あとから登場する「微分積分」という数学の操作を行う場合には，角度を弧度法であらわしておくと都合がいいのです。ここで少し，弧度法に慣れておきましょう！

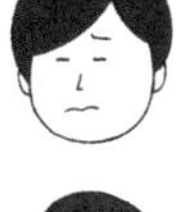

はい……。

弧度法とは，角度を，その角度がつくりだす単位円の「弧の長さ」としてあらわす方法です。

半径rの円の円周の長さは「$2\pi r$」(πは円周率)なので，半径が1の円(単位円)では円周の長さは2πとなります。そこで弧度法では，360°という角度を「2π」とあらわします。このとき，この角度の単位は「度」ではなく**ラジアン**とよびます。つまり，「360°」は「2πラジアン」です。

ポイント！

弧度法

半径1の単位円の「弧の長さ」で，角度をあらわす

例：中心角が360°のとき，円周の長さは2π

360°＝2πラジアン

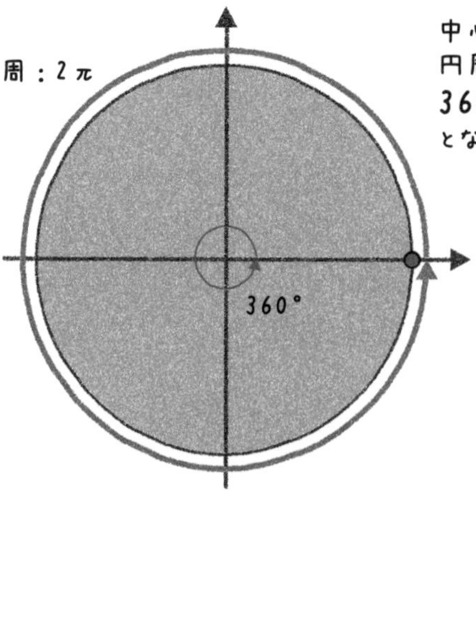

中心角が360°のとき，円周の長さは2πなので，

360°＝2πラジアン

となります。

らじあん！　初耳ですね……。

フフフ。

ためしに，60°を弧度法であらわしてみましょうか。

単位円において中心角が60°のおうぎ形の弧の長さは，$2\pi \times \frac{60°}{360°} = \frac{\pi}{3}$ なので，「60°」は「$\frac{\pi}{3}$ ラジアン」となります。

また，135°の場合は，弧の長さが $2\pi \times \frac{135°}{360°} = \frac{3\pi}{4}$ なので，「135°」は「$\frac{3\pi}{4}$ ラジアン」となります。

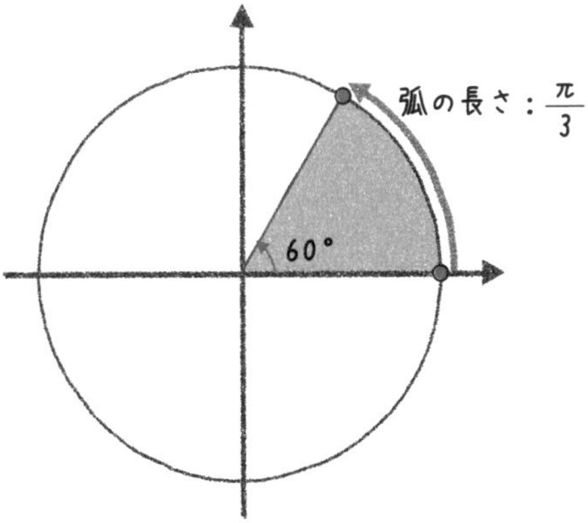

中心角が60°のとき，
弧の長さは $2\pi \times \frac{60°}{360°} = \frac{\pi}{3}$ なので
$60° = \frac{\pi}{3}$ ラジアン

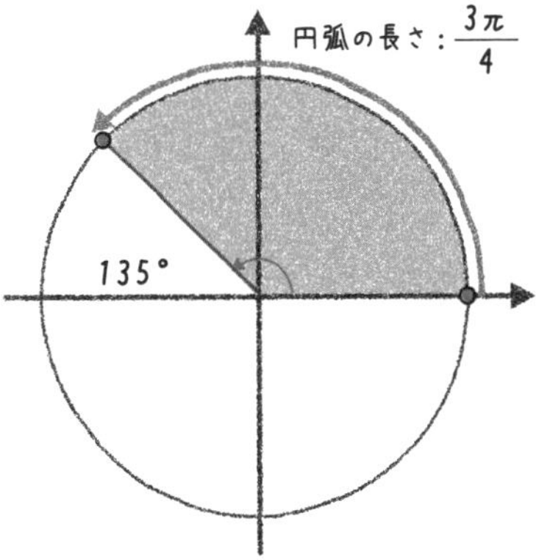

中心角が135°のとき，
弧の長さは $2\pi \times \frac{135°}{360°} = \frac{3\pi}{4}$ なので
$135° = \frac{3\pi}{4}$ ラジアン

弧度法の単位である「ラジアン」は，一般的に省略する。この慣例にしたがい，次のページからは角度を弧度法であらわした場合，「ラジアン」は省略する。度であらわす場合には，°をつける。

自然界の「波」の性質は三角関数ではじめて理解できる

先生，三角関数って，ものすごく奥深いことがよくわかりました。でも，三角関数って，私たちの生活のどこに活用されているんですか？

そうですよね。直角三角形から円へ，円からさらに進化をとげて，三角関数は**波**をあらわすことができるようになったんです。

そのおかげで，三角関数は，自然界のなぞを解き明かす学問である物理学には，なくてはならないものになったといえるでしょう。

波？　物理学？

はい。物体のもつ**熱**は原子や分子の**振動**ですし，音は空気の振動が広がっていく**波**です。

また，**地震**は地下や地面の振動が広がっていく**波**によっておきます。**光**や**電波**は，電場と磁場※の振動が周囲に広がっていく**波**です。

うわ！　自然界って波だらけなんですね。

その通りです。私たちの身のまわりには，振動と波が満ちあふれていて，その性質を解き明かすために，三角関数が使われているのです。

※：電場（電界ともいう）とは，電気的な力を生じさせる空間の性質のこと。磁場（磁界ともいう）とは，磁力を生じさせる空間の性質のこと。

では三角関数と波について，あらためて見てみましょう。
下のグラフは，三角関数のサインとコサインのグラフです。

波みたいになってますね。

そうです。見てわかるように，サインとコサインのグラフは，形がまったく同じで，$\boldsymbol{x}$軸の方向に$\frac{\pi}{2}$（＝90°）だけずれています。
そしてこの形は，水面にできる波や，ロープを伝わる波の形とよく似ています。つまり，**サインとコサインのグラフは，波の典型的な形をしているのです。**
そのため，サインやコサインが，物理学で「波」や「振動」をあらわすのに使われているんです。

一体なぜ，三角関数と波が結びつくんでしょうか？

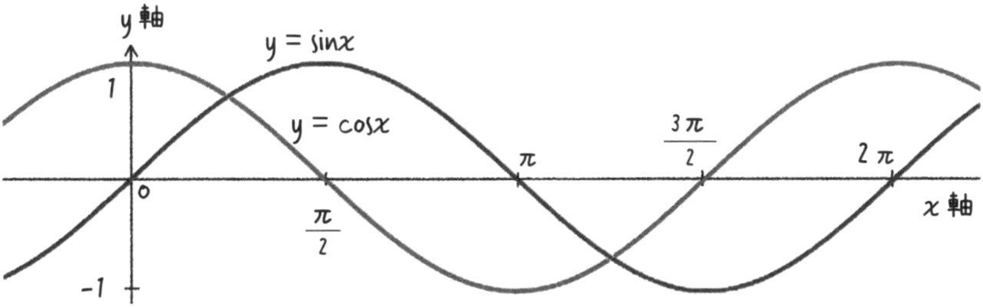

三角関数というのは円の関数でしたね。ここで一定の速度でくるくると円運動をしている物体に横から光をあて，その影をスクリーンに投影したとします（下のイラスト）。
すると，影は物体の動きにつれて上下に移動しますよね。

そうですね。

いい方を変えれば，上下に振動することになります。このような，円運動をもとにした振動を**単振動**とよびます。
身近なものとしては，バネがついた物体も単振動です。

円運動

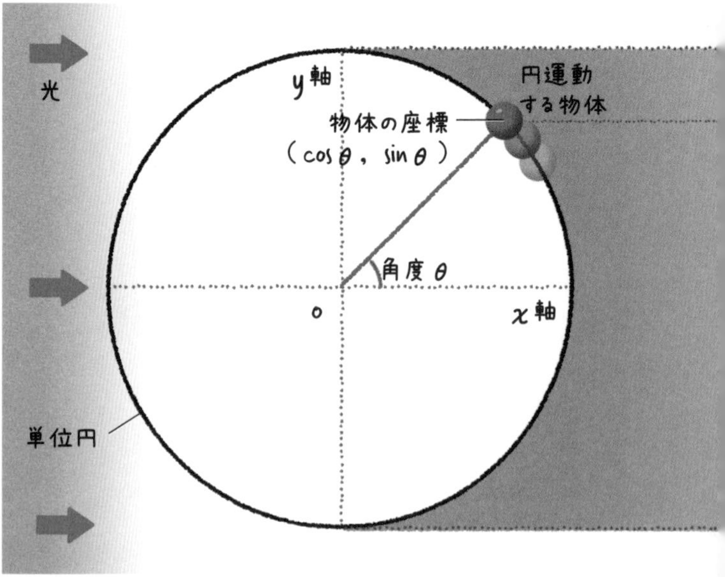

このような振動がそばの物体に伝わると，少しタイミングがずれた振動が生じます。このような振動の伝播が次々におこっていく現象が，波です。

そういうことか……。

先ほどお話ししたように円運動する物体の座標は三角関数を用いてあらわせます。そして円運動をもとにした単振動も，三角関数であらわすことができ，単振動が連なった波も三角関数であらわすことができます。
つまり，円運動も単振動も波も，すべて三角関数であらわすことができるのです。

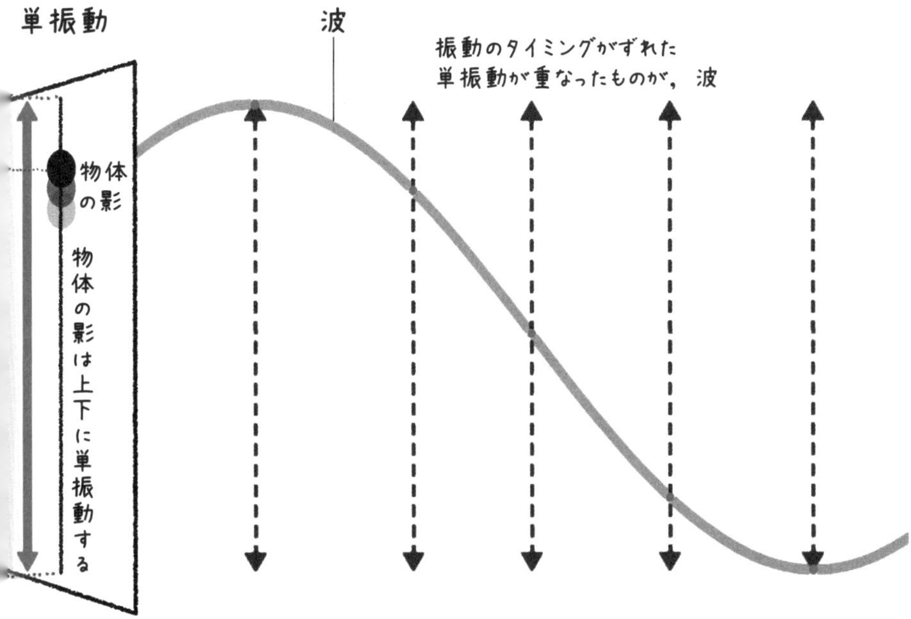

おさえておきたい
「指数」「対数」「三角関数の公式」

このページでは，中高数学に登場する「関数」にまつわる重要公式のうち，ここまでにあつかうことができなかったものを中心に紹介します。高校の数学で学ぶ「指数の性質」「対数の性質」「三角関数の公式」です。三角関数の公式は，とくに代表的なものを掲載しました。ほかにも，たくさんの公式があります。

①指数の性質

Ⓐ $a^m \times a^n = a^{m+n}$

Ⓑ $a^m \div a^n = \dfrac{a^m}{a^n} = a^{m-n}$

Ⓒ $(a^m)^n = a^{m \times n}$

Ⓓ $(ab)^n = a^n b^n$

Ⓔ $\left(\dfrac{a}{b}\right)^n = \dfrac{a^n}{b^n}$

Ⓐはかけ算を「指数の足し算」に変換する公式，Ⓑは割り算を「指数の引き算」に変換する公式，Ⓒは累乗の計算を「指数のかけ算」に変換する公式です。ⒹとⒺは，かけ算や割り算してから累乗するのと，それぞれの数を累乗してからかけ算や割り算をするのは，同じであることを意味しています。

②対数の性質

$a>0$ で $a \neq 1$，$x>0$，$y>0$ とする。

Ⓐ $\log_a xy = \log_a x + \log_a y$

Ⓑ $\log_a \dfrac{x}{y} = \log_a x - \log_a y$

Ⓒ $\log_a x^n = n\log_a x$

Ⓓ $a^{\log_a x} = x$

Ⓔ $\log_a x = \dfrac{\log_b x}{\log_b a}$

Ⓐは「かけ算の対数」を「対数の足し算」に変換する公式，Ⓑは「割り算の対数」を「対数の引き算」に変換する公式です。Ⓒは，累乗の対数をとると，指数部分を前に出せることを意味しています。Ⓓは，対数の意味を考えるとわかります。「aを何乗すればxになるか」の数が，$\log_a x$です。aを$\log_a x$乗すれば，xになります。Ⓔは，対数の底をaからbに変換する公式です。

③三角関数の公式

Ⓐ $\sin^2\theta + \cos^2\theta = 1$

Ⓑ 加法定理

$\sin(\alpha+\beta) = \sin\alpha\cos\beta + \cos\alpha\sin\beta$
$\cos(\alpha+\beta) = \cos\alpha\cos\beta - \sin\alpha\sin\beta$

Ⓒ 正弦定理

$$\frac{a}{\sin A} = \frac{b}{\sin B} = \frac{c}{\sin C} = 2R$$

Ⓓ 余弦定理

$$a^2 = b^2 + c^2 - 2bc\cos A$$

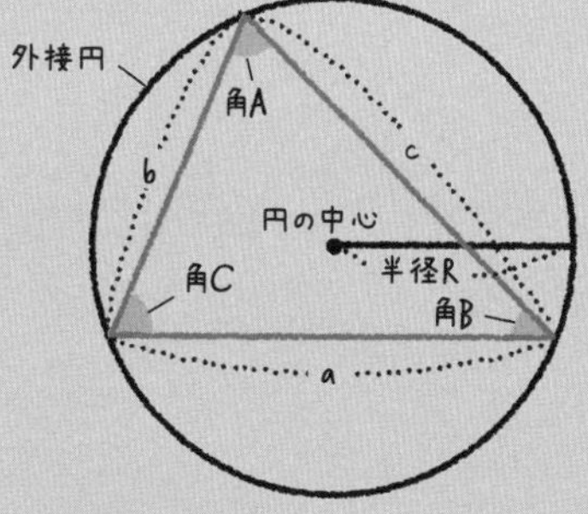

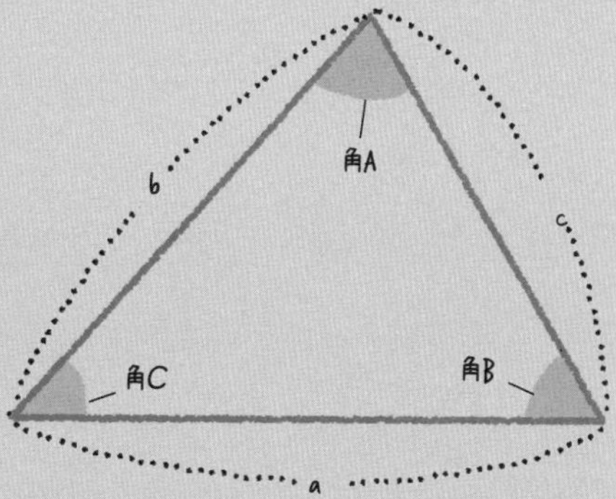

Ⓐは，152ページの点P$(\cos\theta，\sin\theta)$が，半径1の円の円周上にあることから導くことができます。Ⓑの公式は，「加法定理」とよばれるものです。加法定理に$\beta=\alpha$を代入すると，「2倍角の公式」を導くことができます。Ⓒは「正弦定理」，Ⓓは「余弦定理」とよばれるものです。「正弦」とは「sin」，「余弦」とは「cos」のことです。

偉人伝❶

直角三角形の重要定理を発見，ピタゴラス

「ピタゴラスの定理」で知られるピタゴラスは，紀元前582年ごろにギリシア東南部のサモス島に生まれました。前530年ごろにイタリア南部の町クロトンへ移り，そこで宗教・政治・哲学を学ぶ教団のようなものを開きました。この教団は数論，幾何学，天文学，音楽の4科目に加え，哲学や宗教を論じ，「ピタゴラス教団」，あるいは「ピタゴラス学派」ともよばれました。

五つの正多面体を発見!?

ピタゴラス学派は，三角形の内角の和が180°になることを証明し，また正4面体，正6面体，正8面体，正12面体，正20面体の五つの正多面体を発見したといわれていますが，確かなことはわかっていません。

しかし何といってもピタゴラス学派の仕事の中で最も有名なのは，「ピタゴラスの定理」でしょう。今ではこの定理について，200あまりの証明法があるといわれています。なお，ピタゴラスの定理は，ピタゴラス一人で発見したものではなく，ピタゴラス以前に知られていたとの説が有力です。

ピタゴラスの定理の副産物

ピタゴラスやピタゴラス学派の人たちは1，2，3，……といった正の整数に興味をもち，やがて正の整数と整数の比であらわされる数（たとえば$\frac{3}{2}$や$\frac{3}{4}$）だけを数と考えるようになりました。それらは現在「有理数」とよばれている数です。

ところがピタゴラスの定理によって，有理数だけでは理解できない数があることがわかりました。たとえば直角二等辺三角形では，斜辺と1辺の比が$\sqrt{2}$になります。$\sqrt{2}$は，2乗すると2になる数であり，小数にすると1.41421356……となってしまい整数の比ではあらわせません。現在，このような数は「無理数」とよばれています。

ピタゴラスたちは無理数を「アロゴン（Alogon，口にできない）」とよんで研究対象から除外し，そのことを教団外の人たちには秘密にしていたといわれています。無理数についてしゃべった弟子を，殺害したという説もあります（諸説あります）。

そのほかにもピタゴラスは音についての研究も行いました。彼はいろいろな長さの弦を用意し，弦の長さと音階との関係を見出しました。

3
時間目

ものごとの変化を予測
「微分積分」

STEP 1

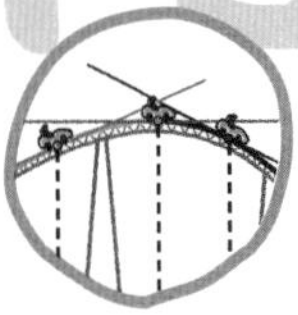

微分をつかえば変化のようすがわかる！

微分積分もまた，高校数学の重要単元の一つで，苦手な意識をもつ人も多いことでしょう。微分積分の誕生の歴史から，その本質的な意味について見ていきましょう。

微分積分で何がわかる？

三角関数に続いて，次は高校数学の最大のヤマ場の一つ，**微分積分**を見ていきましょう！
略して「ビセキ」ともいいますね。

これも苦手だったなあ～。
当時は，こんなのいったいいつどこで使うんだろう……なんて思いながら授業を受けていました。

たしかに，微分積分でつまずいてしまう人も多いかと思います。
微分積分は，**微分**と**積分**という，二つの数学のワザのことです。
微分積分を使えば，「ものごとがどのように変化するか」を計算することができるんですよ。
たとえばここにあるボールを投げてみましょう。
エイッ！

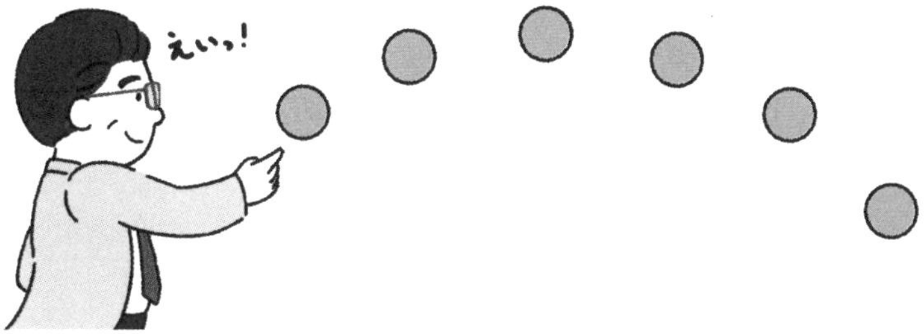

さて，ボールはどんなふうに飛びましたか？

こう，ゆるやかに山をえがくみたいな感じでしたね。

そうですね。斜め上に投げたボールは，だんだん下向きに進行方向を変えて，山なりに飛びましたよね。
微分積分を使えば，ボールがどんなふうに飛ぶのか，実際に投げなくても計算で求めることができるんです。
そう，**微分積分は，“未来を予測するための道具”ともいえるのです！**

えっ，すごい！

たとえば**人工衛星**を目的の惑星に着地させ，また地球に帰還させるためには，進行方向や速度などを細かくコントロールしなくてはなりません。その計算に，微分積分のワザが活用されているんですよ。

そうなんですか!?

それだけじゃありませんよ。科学の世界では，**天体の動き**や，古生物の**化石の年代測定**，**台風の進路予測**など，微分積分が活躍する具体例を挙げるとキリがありません。

さらには，**経済の動向**，**高速道路の設計**，さまざまな**商品の製造**などにおいても，微分積分の計算は欠かせません。**私たちの暮らしの中に，微分積分は非常に深くかかわっているのです。**

砲弾の「進み方」の研究が微分を生んだ！

そんなに役立つワザだったんですね！　もっとしっかり勉強すればよかったなあ。そんなすごいワザ，いったいどうやって生まれたんでしょうか。

ではまず，なぜ微分積分が必要になったのか，その時代背景から見ていきましょうか。

時代は16～17世紀の**ヨーロッパ**です。当時は各国が覇権をめぐって戦争をくりかえしていました。当時，最も強大な威力をもつ武器は**大砲**です。そして，戦争に勝つためには，この大砲をいかに命中させるかが鍵だったのです。

そこで，大砲の命中率を上げるために，砲弾の**軌道計算**の研究が盛んに行われたのです。これがのちの微分積分の発展につながる発端になるんです。

微分積分の誕生は，戦争がきっかけだったのか……。

砲弾がどのような軌跡を描くかという研究はむずかしい問題でした。これに答えを出したのが，イタリアの天才科学者**ガリレオ・ガリレイ**（1564～1642）です。

ガリレオ・ガリレイ
（1564～1642）

地動説を唱えた，あのガリレオですか？

はい。ガリレオは天才的な数学者でもあったのです。
撃ちだされた砲弾は，重力がなければ慣性の法則でどこまでもまっすぐ，同じ速度で飛んでいくはずだとガリレオは考えました。しかし実際には重力によって地面に向かって落ちていきます。
このためガリレオは，砲弾の進む速度を重力の影響を受けない**水平方向**と，重力の影響を受ける**垂直方向**の二つに分けて考えました。つまり，水平方向の速度は変化せず，下向き（上下方向）の速度だけが時間とともに速くなっていくことを示したんです。

このようにしてえがかれる軌道を**放物線**といいます。

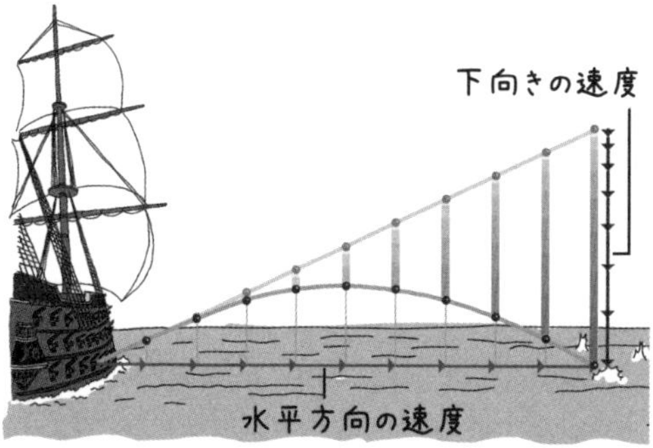

実際には空気抵抗があるので，必ずしもきれいな放物線にはなりませんが，それはひとまずおいておきましょう。ガリレオによる放物線の発見に続き，17世紀に入ると，今度は放物線の軌道を計算するための道具が登場しました。これが，フランスの数学者である**ルネ・デカルト**や**ピエール・ド・フェルマー**（1601～1665）による**座標**についての考え方です。彼らの考え方を現代風にして説明しましょう。

ルネ・デカルト
（1596～1650）

ピエール・ド・フェルマー
（1601～1665）

中高数学でよく登場する座標は，横軸をx軸，縦軸をy軸，x軸とy軸が交わる点を原点とします。そして，平面上のある位置を，原点を基準として縦方向をyの値，横方向をxの値で指定します。たとえば原点の座標はxもyもゼロなので，$(x, y) = (0, 0)$となります。

経度と緯度みたいに，位置を示せるわけですよね。

はい。でも座標は，位置を示せるだけではないんです。**座標を使えば，いろいろな線をxとyの式であらわせるようになるんです。**
たとえば，(x, y)の値が$(0, 0)$，$(1, 1)$，$(2, 2)$，$(3, 3)$……を通る直線の場合，$y = x$という式であらわせます。
また，(x, y)の値が$(0, 0)$，$\left(1, \frac{1}{3}\right)$，$\left(2, \frac{2}{3}\right)$，$(3, 1)$……なら$y = \frac{1}{3}x$となります。

なるほど。先生，関数であらわせるわけですね！

ナイス！　その通りです！
さらに，直線のみならず，放物線も式であらわすことができるようになりました。どのような放物線も，$y = ax^2 + bx + c$という式であらわせるのです。a，b，cの値は放物線の形によって変わります。ここで，aはゼロでないとします。
つまり，**座標が発明されたおかげで，発射された砲弾がえがく放物線を，関数の式であらわすことが可能になったんです**（次のページを参照）。

memo

砲弾が，下のイラストのような放物線の軌跡をえがいたとします。たとえば発射地点から20メートルのところでは，19メートルの高さを，40メートルのところでは36メートルの高さを飛んでいます。放物線をあらわす数式を使って，砲弾の軌道をあらわす数式を求めてみましょう。

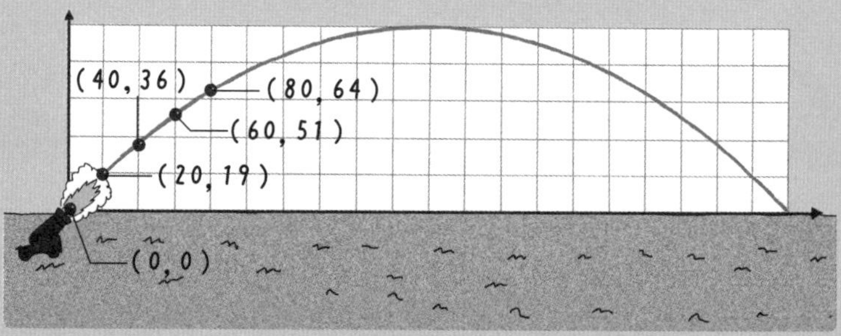

放物線をあらわす数式

$$y = ax^2 + bx + c$$

1. まず，砲弾が必ず通る原点（0, 0）を，放物線の数式に代入。

$$x = 0,\ y = 0$$
$$0 = a \times 0 \times 0 + b \times 0 + c$$
$$c = 0$$

2. 砲弾が通過する2カ所の座標を，放物線の数式に代入。ここでは（20, 19）と（40, 36）を代入。

$x = 20$, $y = 19$ を代入

$$19 = a \times 20 \times 20 + b \times 20 + 0$$

$$19 = 400a + 20b \quad \cdots\cdots ①$$

$x = 40$, $y = 36$ を代入

$$36 = a \times 40 \times 40 + b \times 40 + 0$$

$$36 = 1600a + 40b \quad \cdots\cdots ②$$

3. 1, 2の二つの式を連立方程式として解く。
まずaの値を求める。
bを消すために、①×2−②をする。

$$\begin{array}{rrcl} & 38 &=& 800a + 40b \\ -) & 36 &=& 1600a + 40b \\ \hline & 2 &=& -800a \end{array}$$

$$a = -\frac{1}{400}$$

①の式（$19 = 400a + 20b$）にaの値を代入。

$$19 = -1 + 20b$$

$$b = 1$$

4. a, b, cの値を放物線の数式であらわす。

$$y = -\frac{1}{400}x^2 + x$$

すごいなあ～。砲弾の軌道を計算できれば，着弾点がわかるってことですもんね。

ええ。ところが，この数式では解決できない**問題**が出てきてしまったのです。それは，**発射された砲弾の「進行方向」は，時間とともにどう変化していくのか？**という問題です。

ええっ？　どういうことですか!?

たとえば，斜め上に発射された砲弾は，徐々に進行方向が下方へ傾いていきます。ですから，発射の瞬間と発射1秒後では，砲弾の進行方向はちがうはずです。もっといえば，発射直後とそのわずか0.0001秒後でも，進行方向は変化しているはずです。

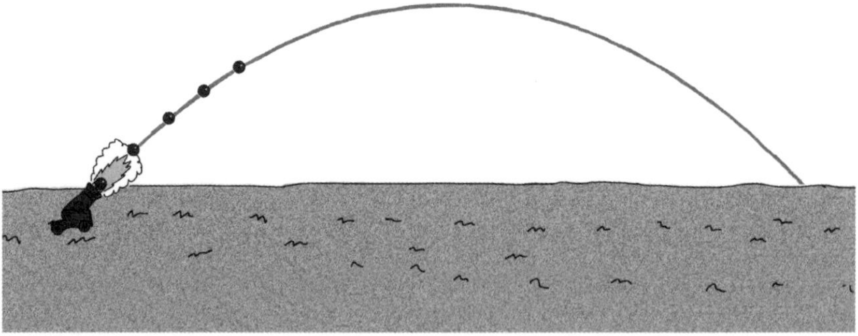

そうか，砲弾の向きはたえず変わり続けているのですね。

そうなんです。先ほどの数式を使えば，砲弾の水平方向の距離から，砲弾の「高さ」を計算できます。しかし，たえず変化していく「進行方向」を正確に知ることはできません。そのため，変化のしかたを計算で求めることができる“新しい数学”が必要になったのです。
そして誕生したのが，**微分**なんです。

ここで微分が登場するのか～。でもいったいどうやったら変化のしかたなんて計算できるんでしょう。

ここで重要な手がかりとなるのが，**接線**です。

せっせん？

はい。接線とは，簡単にいうと，円や放物線などの曲線に1点だけで接する直線のことです。このとき，接した点を**接点**，接した直線を**接線**とよびます。
普通は，どんな曲線でも，接点に引ける接線は1本しかありません。

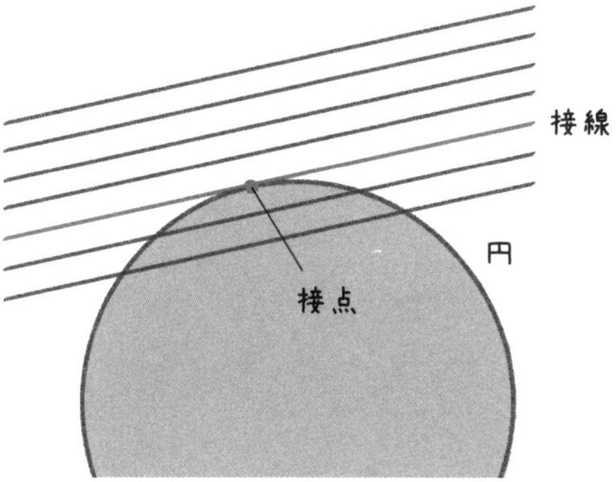

なるほど。でもそれが砲弾の進行方向と何の関係が？

実は，**運動する物体の軌道に引いた接線は，その瞬間の進行方向を示すのです。**

どういうことですか？

たとえばハンマー投げを思い浮かべてください。ハンマー投げでは，自分の体を中心にハンマーを円運動させて，勢いをつけてほうり投げますよね。
このとき，回転中のハンマーは，それぞれの瞬間に，円の接線方向に進もうとしています。
そして，どこかでロープを放すと，ハンマーはその瞬間の円の接線の方向に飛んでいくはずですよね。

たしかに！

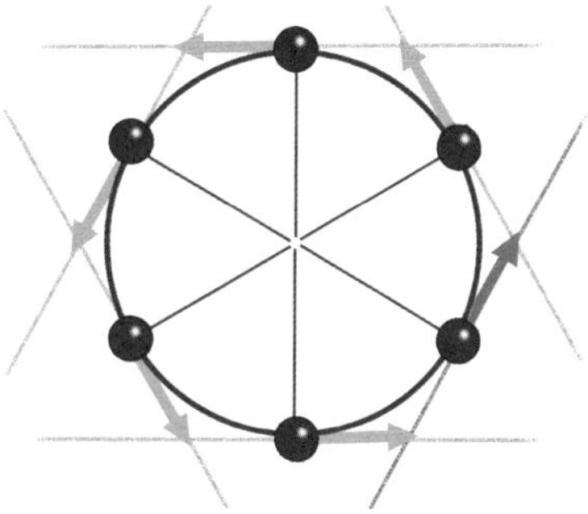

つまり，**曲線上のすべての点での接線を計算で求めることができれば，進行方向の変化のしかたを正確に知ることができることになります。**

しかし，砲弾の軌道のような放物線上に正確に接線を引くことは，実はとてもむずかしいのです。これは**接線問題**とよばれ，デカルトやフェルマーなど，当時最高の数学者たちも取りくんだほどの難問でした。

接線って，そんな簡単なものじゃないんですね。

そうなんです。そしてこれに完全な答えを出したのが，イギリスの天才科学者**アイザック・ニュートン**（1642〜1727）です。

放物線の一部を超拡大したニュートン

接線を求めるために重要となるのは，接線の**傾き**です。数学の世界では，直線の傾きは角度ではなく，x軸とy軸それぞれへの変化量の比であらわすことが一般的です。

ポイント！

$$直線の傾き=\frac{yの変化量}{xの変化量}$$

たとえば，次のイラストの直線は，x軸方向へ3，y軸方向へ2上がっています。ですからこの直線の傾きは，「$\frac{2}{3}$」となります。

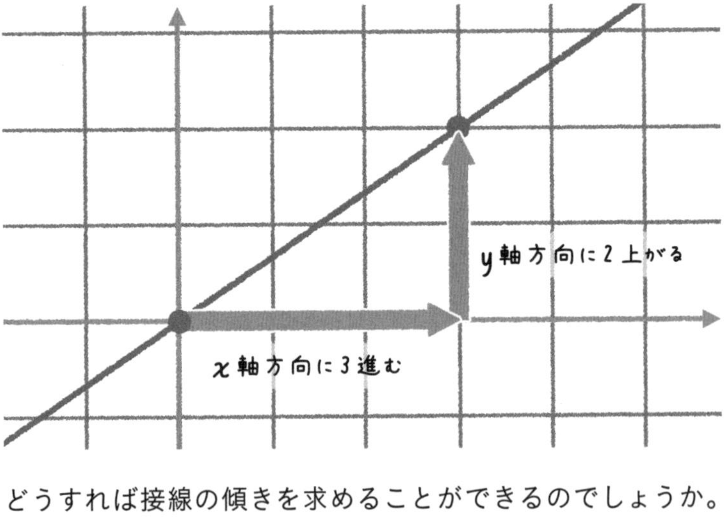

どうすれば接線の傾きを求めることができるのでしょうか。ここでニュートンは次のように考えました。

「紙の上にえがかれた直線や曲線は，小さな点が動いた跡である」。

つまり，**砲弾の軌跡は，小さな点の連続だと考えたのです。** こう考えると，曲線上のあらゆる点は，その瞬間瞬間の進行方向をもつことになります。ニュートンは，曲線上を動く点の進行方向を求めることで，接線の傾きを求めようとしたのです。
そのためにニュートンは，ほんの一瞬の時間をあらわす o（オミクロン）という記号を取り入れました。

おみくろん，ですか。

o はギリシア文字で，限りなくゼロに近いがゼロではない，微少な時間や量をあらわす記号です。ゼロとまちがえないようにしましょう。
次のイラストは，曲線上を動く点をめちゃくちゃ拡大したものです。動く点が，ある瞬間に「点A」にいたとします。そこから「o」の時間がたつと，「点A」から「点A′」に移動します。

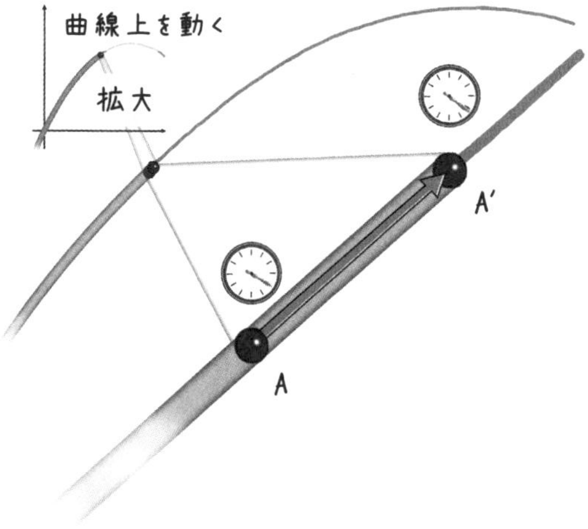

実際には移動してるのかわからないくらいほんのわずか，の瞬間ですね。

そうなんです。まさにそこがポイントなのです。
というのは，「点A」から「点A′」への移動時間はほんの一瞬なわけです。だからニュートンは，**「点A」から「点A′」の間の移動は直線とみなせる**と考えたのです。

ええ〜!?　ってことは……。

そう，この直線AA′こそが点Aにおける点の進行方向，つまり点Aの接線です。
したがって，直線AA′の傾きを求めれば，それが接線問題の答えと考えることができます。

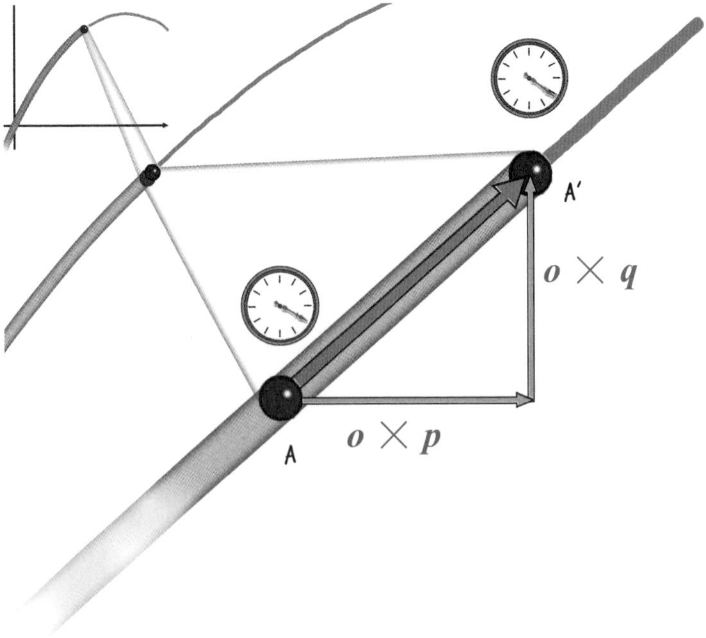

先ほどお話ししたように，直線の傾きは，「$\dfrac{y\text{の変化量}}{x\text{の変化量}}$」で求めることができます。
また，移動距離は「速さ×時間」で求めることができます。したがって，直線AA′の傾きは以下のように求めることができます。

o：微少な時間
p：点がx軸方向に動く速さ
q：点がy軸方向に動く速さ

直線AA′の傾き

$$\frac{oq}{op}=\frac{q}{p}$$

この式が，接線問題の答えですか。

そうです。ここでは，$\boldsymbol{p}$や$\boldsymbol{q}$という記号が入った状態ですが，具体的な曲線を考えると，接線の傾きを求めることができます。次のページのメモに放物線の場合の，接線の傾きの求め方を紹介したので，余力があれば挑戦してみてください。ニュートンは曲線のある1点を**超拡大**することで接線の傾きを求めたのです。そしてこれが，接線問題を解決する“新しい数学”**微分法**の誕生となったのです。
つまり微分とは，ある関数から，その接線をあらわす新たな関数を求めるということなんですね。

memo

ニュートンが考えた

放物線上のどの点でも，接線の傾きを一発で求める「流率法」

イラストは，$y = x^2$の放物線です。
この放物線上の接線の傾きをあらわす関数を求めます。まず，
点$A(a,\ a^2)$の点における接線の傾きを求めます。

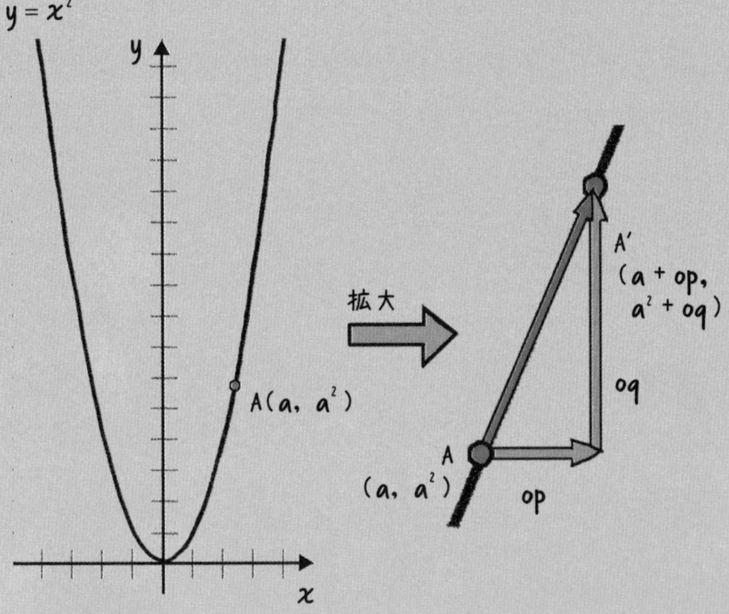

①点Aでのx軸方向の移動速度をp，y軸方向での移動速度をqとする。微少な時間oがたったときの移動後の点A'の座標を求める。

$$A(a,\ a^2)$$
$$A'(a + op,\ a^2 + oq)$$

②直線AA′の傾きは $\dfrac{y\text{の変化量}}{x\text{の変化量}} = \dfrac{oq}{op} = \dfrac{q}{p}$ となる。この $\dfrac{q}{p}$ の値を求める。

$y = x^2$ の放物線上にあるので，A′にも $y = x^2$ の関係が成り立つ。したがって，$y = x^2$ にA′の座標を代入する。

$$y = x^2$$
$$(a^2 + oq) = (a + op)^2$$
$$a^2 + oq = a^2 + 2aop + o^2p^2$$

両辺をoで割る

$$q = 2ap + op^2$$

$\dfrac{q}{p}$ を登場させるために，両辺をpで割る。

$$q = 2ap + op^2$$
$$\frac{q}{p} = 2a + op$$

オミクロンは限りなくゼロに近いほど微少なため，ニュートンは「o×p」は「無視してよい」とした。つまりoをかけるとoになるとした。したがって……

$$\frac{q}{p} = 2a$$

点A(a, a^2)の接線の傾きは，$2a$となる。
aのかわりにxを使うと，「$2x$」と書ける。
$y = x^2$上の点(x, x^2)での接線の傾きをyとすると，$y = 2x$という関数が導かれる。

ニュートンが考えた，接線の傾きを求めるこの方法は**流率法**といいます。ニュートンが，グラフ上の動く点を「流率（fluxion）」とよんだからのようです。
つまり，接線問題は流率法で解決し，この流率法こそが微分法ということなんですね。

しかし，曲線を拡大して直線と見なすなんて，すごい発想ですね。

ハハハ！　そうですね。
このように，元の関数から導きだされた，接線の傾きをあらわす新たな関数を**導関数**といいます。メモに示したように，$y=x^2$ の放物線を微分すると，接線の傾きをあらわす $y=2x$ という関数が得られます。これが導関数です。
ある関数から導関数を求めることを「関数を微分する」というのです。

高校数学で習う微分

先生！　ようやく微分というものが少しつかめた気がします。あらためて，ニュートンってすごい！

いいですね！　でもここまで説明してきてなんですが……，実は，現在の高校数学では流率法は使わないんです。

ええっ!?　そうなんですか？

はい。今は流率法と少しことなるやり方で考えます。とはいえ，導かれる導関数は流率法と同じなんですがね。ここから，それを説明しましょう。下の曲線を見てください。この曲線上の点Aに接線を引くことを考えます。そこで，曲線上に，点Aとは別の点Bをとります。そしてこの点Aと点Bを通る直線をえがいてみます。

上のイラストの直線は，点Aの接線とはいえませんね。そのため，点Bを点Aにギリギリまで近づけていくことを考えます。

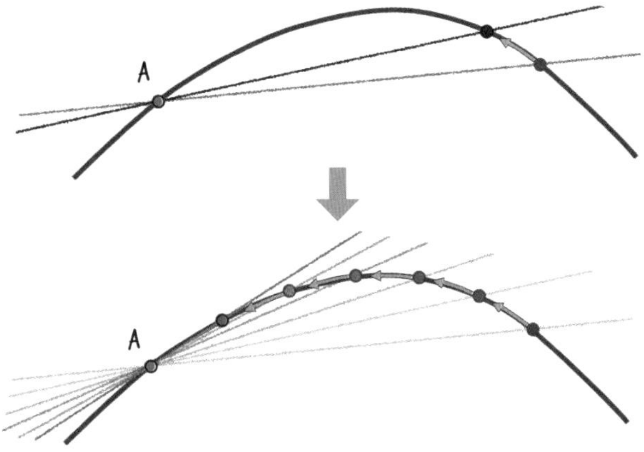

このとき，**点Bをギリギリ限界まで点Aに近づけていくと，2点を結ぶ直線は点Aの接線になるんです。**

ニュートンの場合は，点Aから限りなく近い距離に点A′を置きましたよね。

はい。ニュートンの方法はいわば**直感的**ですよね。一方，この方法は，この「限りなく近い距離」を，直感的にではなく，厳密に**数学的**に考える方法なのです。実際に，ある関数を使って説明しましょう。次のイラストは，$y=f(x)$であらわせる関数です。$f(x)$は，$2x+1$や$3x^2+4$のように，xを使った数式であらわされるもので，xにある数を入れたときの値を$f(3)$などとあらわすこともできます。

まず，$y=f(x)$上の点Aのx座標をaとすると，y座標は$f(a)$とあらわせます。

ですから，点Aの座標は$(a,\ f(a))$です。

次に，点Bの座標を求めます。ここがポイントなのですが，この考え方では，点Aと点Bのx座標の差をhとするんです。

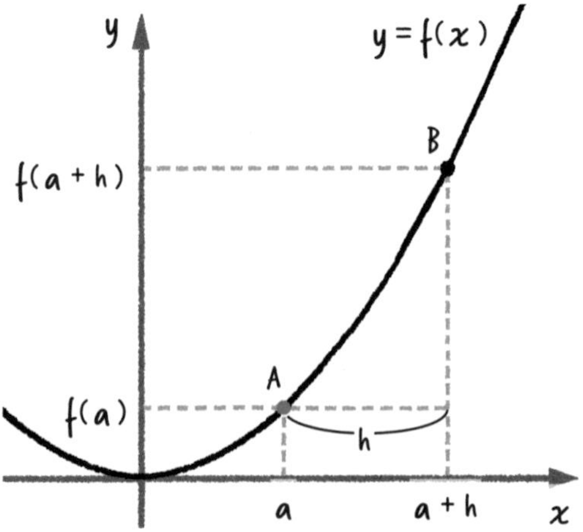

なるほど，ニュートンはここを op としていましたね。

ですから，点Bの x 座標は，$a+h$，y 座標は $f(a+h)$，つまり点Bの座標は $(a+h,\ f(a+h))$ となりますね。
次に，点Aと点Bを直線で結びます。

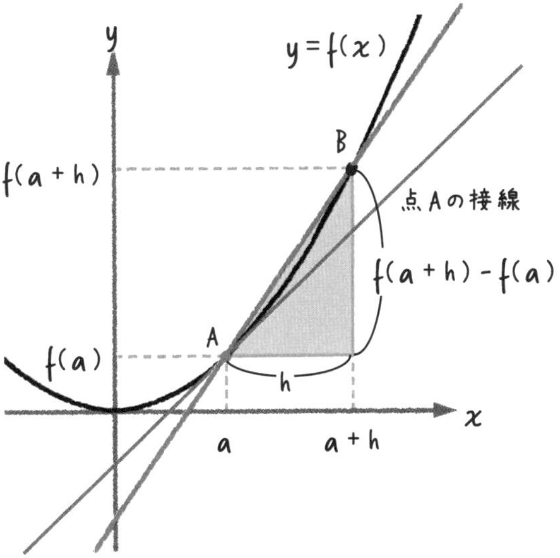

直線ABが接線じゃないですよね。

ええ。この直線をもとに，「点Bを点Aに限りなく近づける作業」を行っていくのです。
まず，この直線ABの傾きを求めます。直線の傾きは $\frac{y\text{の変化量}}{x\text{の変化量}}$ ですから，$\frac{f(a+h)-f(a)}{h}$ となりますね。

はい。

さてここで，点Aから点B方向へのx軸の差を「h」としたことを思いだしてください。
点Bを点Aにギリギリまで近づけるということはつまり，「h」の数値が限りなくゼロに近づくということになりますね。このように，「ある数値を別の数値に限りなく近づける」という考え方を**極限**といいます。そしてこれを数学的にあらわすと，次のようになります。

$$\text{点Aの接線の傾き} = \lim_{h \to 0} \frac{f(a+h)-f(a)}{h}$$

limとは，**極限**（リミット）を意味する記号です。ニュートンは「限りなく0に近い量」を考えましたが，そんな量があるのか？　といった疑問が当時からありました。ここでは，限りなく0に近い量をいきなり考えるのではなく，「限りなく0に近づける，そしてその先にあるもの」という感じにとらえています。ちょっとしたいい換えのような気がしますが，実はここに，数学が無限をきちんと考えていくことができる**鍵**があるのですよ。でも，このような考え方は理系なら大学で学ぶ内容です。

さらに大学数学へ続いていくのですね。

はい。さて，この記号の下の部分で，どの文字をどの値に近づけるのかをあらわします。「hがゼロに限りなく近づくときの，エイチ分の〜の極限」と読みます。
これが，現代の高校生が習う，現代的な接線の傾きの公式というわけです。

複雑ですね……。

182〜183ページで，ニュートンの流率法で$y=x^2$上の点A（a，a^2）の接線の傾きを求めたら，2aになりましたね。188ページの公式を使って，同じく$y=x^2$上の点A（a，a^2）の接線の傾きを求めてみましょう。

点Aの接線の傾き

$$=\lim_{h\to 0}\frac{(a+h)^2-a^2}{h}$$

$(a+h)^2$を展開する

$$=\lim_{h\to 0}\frac{a^2+2ah+h^2-a^2}{h}$$

約分する

$$=\lim_{h\to 0}(2a+h)$$

hを限りなく0に近づけるわけなので，

$$\lim_{h\to 0}(2a+h)$$

$$=2a$$

本当だ，ニュートンの方法と同じ結果になりましたね！

ですから，aをxと書きかえることで，流率法のときと同じように，$y=x^2$の導関数を$y=2x$と求めることができるわけです。今ではこのように極限を使って微分を行います。

微分をするとあらわれる重要な法則

さて，先ほどは，$y = x^2$ を微分し，$y = 2x$ という導関数を得ました。
同じ方法で，$y = x^2$ 以外のさまざまな関数を微分してみます。
すると，微分にはすごい**法則**があることがわかるんです。

ルール？

はい。まずは $y = x$ を微分してみましょう。やり方は189ページで紹介した方法と同じです。

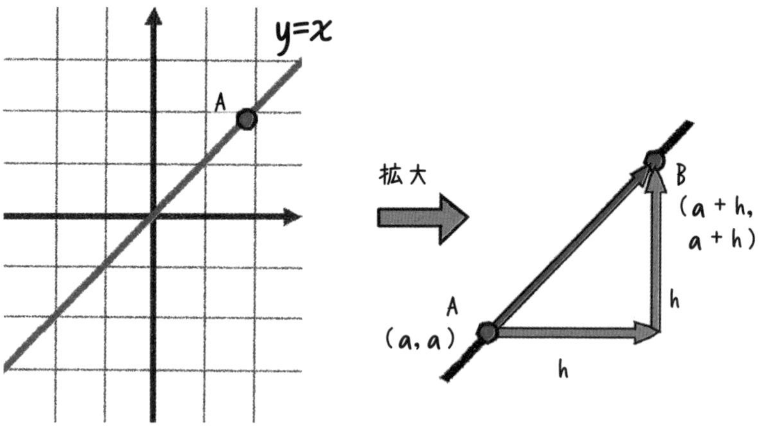

この場合，点Bの座標は $(a + h,\ a + h)$ で，接線の傾きは $\dfrac{h}{h}$ です。

点Bを点Aに近づけることで，点Aでの接線の傾きを求める

点Aの接線の傾き

$$= \lim_{h \to 0} \frac{h}{h} = \lim_{h \to 0} 1 = 1$$

$y=x$ 上の点A（a, a）の傾きは1

すなわち，$y=x$ の導関数は$y=1$

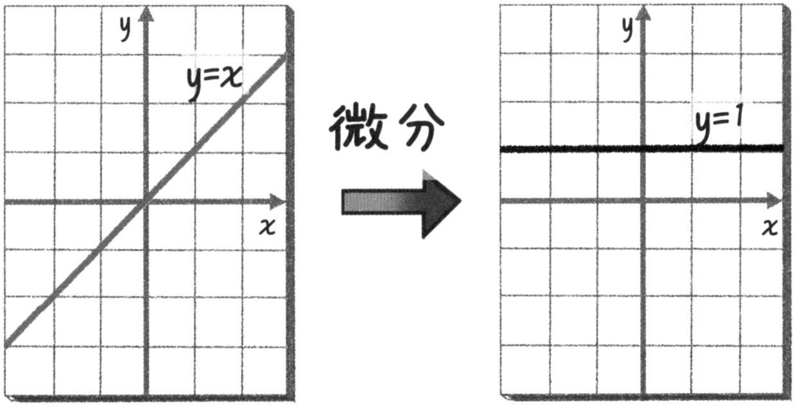

というわけで，$\boldsymbol{y}=\boldsymbol{x}$の導関数は$\boldsymbol{y}=1$となりました。さて，$\boldsymbol{y}=\boldsymbol{x}^2$と同様に，$\boldsymbol{y}=\boldsymbol{x}^3$，$\boldsymbol{y}=\boldsymbol{x}^4$を微分してみると，次のような結果が出ます。

何か二つの法則がありませんか？

元の関数 → 導関数

$y = x \rightarrow y = 1$

$y = x^2 \rightarrow y = 2x$

$y = x^3 \rightarrow y = 3x^2$

$y = x^4 \rightarrow y = 4x^3$

ん？　元の関数のxの指数と，導関数のxのアタマにくっついている数字が同じですね！　それから……あっ，導関数のxの指数は，元の関数のxの指数より1個減っています！

その通りです！　したがって，微分からは以下の式が導かれるのです。

ポイント！

微分の重要公式

$$y = x^n$$

↓ 微分

$$y = nx^{n-1}$$

これは微分で最も大切な式です。この公式を知っていれば，極限を使った計算をいちいちやらなくても，xが何乗であっても一瞬で微分して導関数を求めることができるのです。

すごっ！

先生，ちょっと気になったのですが。ここまでは$y=x^2$みたいな関数でしたが，たとえは$y=2x^3-x^2+3$みたいな，ちょっと複雑な関数も微分できるのですか？

はい，もちろんです。その場合は，各項を別々に微分して，それを足せばいいのです。
実際に，$y=2x^3-x^2+3$を微分してみましょうか。

$y=2x^3-x^2+3$ を微分してみよう。

まず，「$2x^3$」「$-x^2$」「3」に分ける。

① $2x^3$ を微分
$\rightarrow 2\times 3x^2$
$=6x^2$

② $-x^2$ を微分
$\rightarrow -1\times 2x$
$=-2x$

③ 3はxが登場しないので0

①と②と③を足す
$y=6x^2-2x$

$y=2x^3-x^2+3$ の導関数は $y=6x^2-2x$

本当だ，微分できた！

微分で使ういろいろな記号

ここで，微分で使われる記号についても紹介しておきましょう。ここまでは，$y=$……とあらわしていましたが，微分にはいくつかの記号があります。

ポイント！

・微分をあらわす「′」（ダッシュ，プライム）

微分して得た導関数には，元の関数に「′」をつけてあらわす。

例）$y=x^3$ を微分，導関数は $y=3x^2$

$$y=x^3$$

↓（微分）

$$y'=(x^3)'=3x^2$$

・微分をあらわす $\dfrac{d}{dx}$

y' を $\dfrac{dy}{dx}$ とあらわすこともある。

例）

$$y=x^3$$

↓（微分）

$$\frac{dy}{dx}=3x^2$$

なるほど，いろいろ記号があるわけですね。
ところで，なぜdは分数みたいな使い方をするんですか？
なんだかややこしいです。

たしかにそうですね。
y＝……という関数を微分した「$\frac{dy}{dx}$」で説明しましょう。下のイラストのように，dxやdyは，xやyの微小な増分をあらわすときに使われるものなんです。dxやdyは，ニュートンの流率法で登場したop，oqに相当するものなんですね。
この接線の傾きは，$\frac{y\text{の変化量}}{x\text{の変化量}}$ですよね。つまり，この記号でいうと$\frac{dy}{dx}$というわけです。

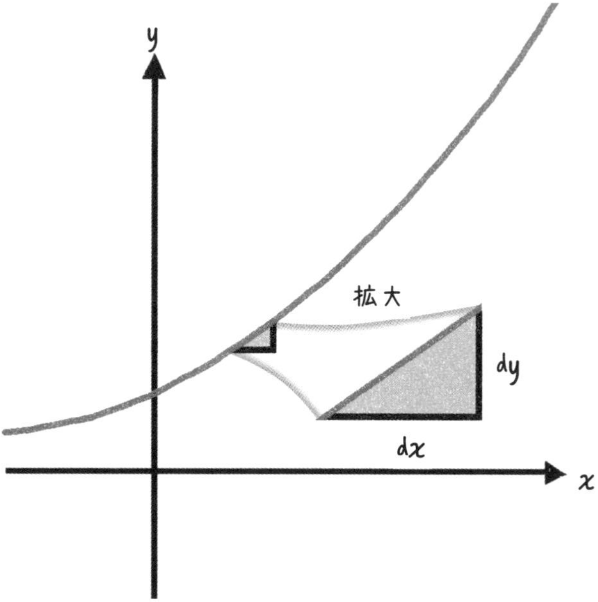

なるほど……。

「微分」でわかる，物体の進み方のようす

先生，あの……。微分がどういうものかはわかりました。接線の傾きを計算できるんですよね。でもこのすごいワザは，いったいどうやって使えばよいのですか？

いいところに気づきました。ではここで，物事の変化のようすを，微分を使って分析してみましょう。
次のイラストは，アップダウンをくりかえす**ジェットコースター**と，このジェットコースターのコースの高さをあらわす曲線を微分して得た導関数を上下に配置したものです。

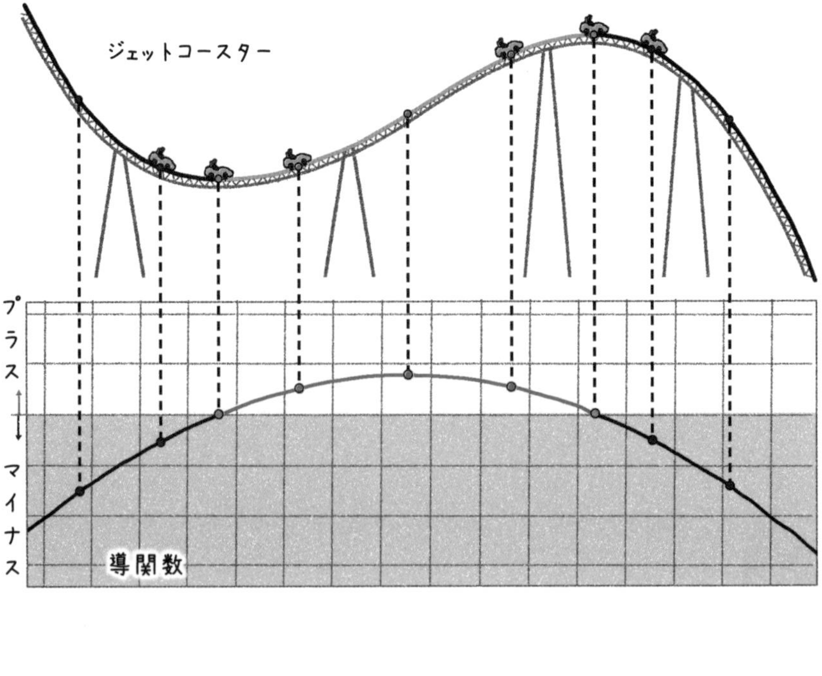

ジェットコースターのコースはうねうねしているのに，導関数のグラフは，なんだかこう，アッサリしていますねえ。

フフフ，そうですね。では実際に，導関数の値を見てみましょう。

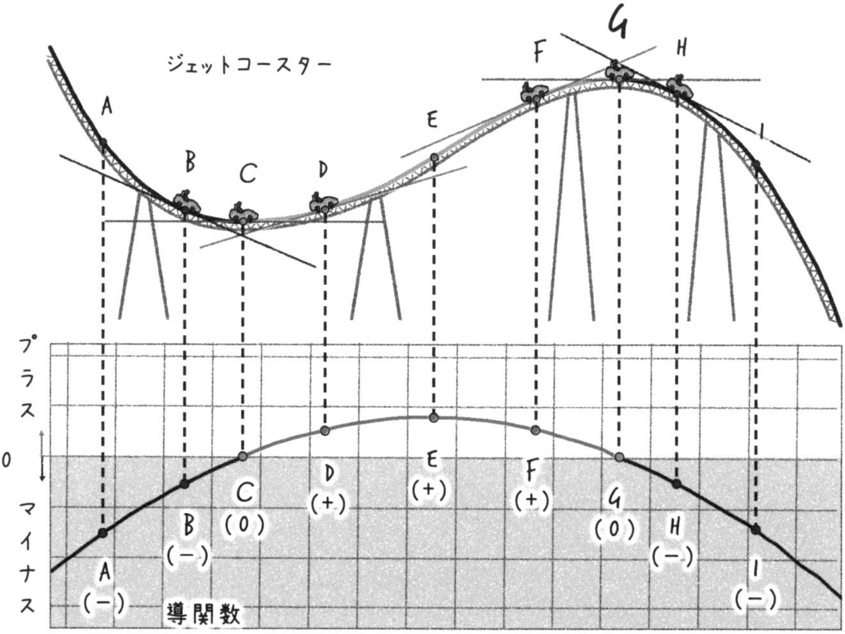

まずポイントになるのは，導関数の値が0になる点です。このイラストを見ると，0になるのはC点とG点ですね。

はい。

ではまず，G点に注目してください。G点の少し手前では，導関数の値は**プラス**ですね。
導関数がプラスということは，接線の傾きがプラス，つまり元の関数のグラフは上り坂となります。
ですから，G点のちょっと手前のコースは上り坂であることを意味します。

ほお！

次に，G点を過ぎたあとの値を見てみましょう。G点を過ぎると，導関数の値は**マイナス**になりますね。**導関数がマイナスということは，接線の傾きがマイナス，つまり下り坂です。**

なるほど。

そしてG点の導関数は**0**ですね。**これは接線の傾きが0，つまり水平であることを意味します。**
つまり，G点を頂点として，前後で上り坂から下り坂になるわけです。

ポイント！

導関数の値		元の関数のグラフ
プラス	→	上り坂
マイナス	→	下り坂
0	→	水平

では続いてC点に注目してみましょう。C点もG点と同様，導関数の値が0です。しかし，前後の導関数の値は，G点とは逆ですね。つまり，C点を頂点として，前後で下り坂から登り坂になるわけです。
こんなふうに，導関数が0になる点の情報から，元の関数のどの地点が山頂に，どの地点が谷底になるのかを読み取ることができるのです。

面白いですね！

それだけではなく，上り坂や下り坂の傾斜のきつさもわかります。**導関数の値は傾きの値ですから，数値が大きいほど傾斜がきついことになります。**したがって，このジェットコースターのコースで最も上りの傾斜がきついのは，点Eですね。右のはじや左へずーっと行くと，下りがきつくなりそうですね。
ジェットコースターだけではなく，実世界のさまざまな現象をグラフであらわすと，さまざまな曲線があらわれます。その曲線を微分すれば，導関数から変化の度合いを分析することができる，というわけなのです。

なるほど。微分ってそういうことなんですね！

砲弾の軌道を微分してみよう！

ではここまでのしめくくりとして，実際に，微分を使って，砲弾の軌道を分析してみましょうか。
172〜173ページで出した，砲弾の軌道をあらわす関数「$y=-\frac{1}{400}x^2+x$」を微分してみましょう。

ドキドキ！　どうなるんでしょう。

$-\frac{1}{400}x^2+x$は，$-\frac{1}{400}x^2$とxに分けて微分し，それらを足せばいいんでしたね。

砲弾の軌道 $y=-\frac{1}{400}x^2+x$ を微分してみよう

$-\frac{1}{400}x^2$

↓微分

$-\frac{1}{400}\times 2x=-\frac{1}{200}x$ ……①

x

↓微分

1 ……②

①と②から，

$y'=-\frac{1}{200}x+1$

導関数は$y'=-\frac{1}{200}x+1$になりました！

ではそれをグラフで見てみましょう！

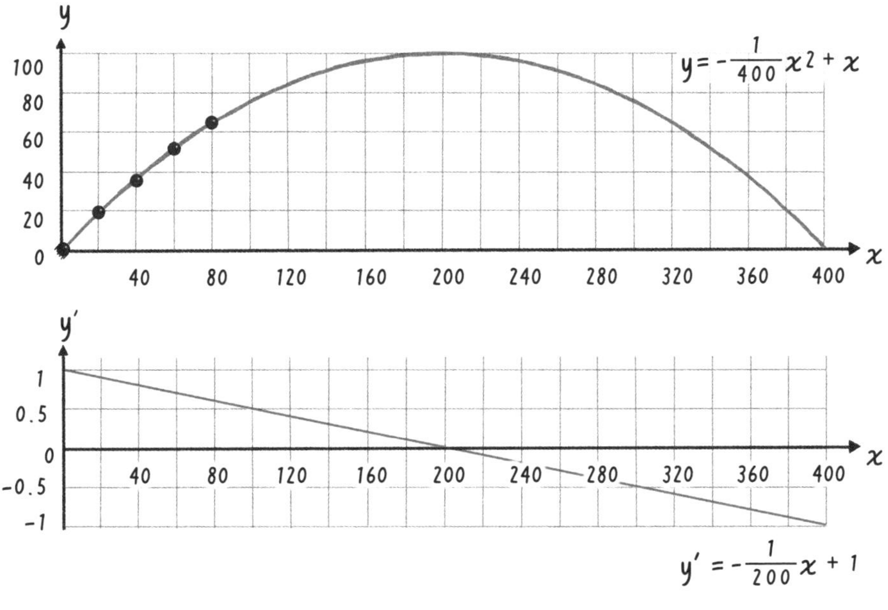

導関数はシンプルな直線ですね……。分析してみます！ええと，導関数が0のところが水平なんですから，xが200，つまり砲弾は200mの地点で頂点に達しますね。また，200mの前後で導関数がプラスからマイナスに変わっていますから，xが200mの軌道上の点を頂点とする放物線をえがく感じですね。

それから……，導関数の値は下がっていく一方なので，砲弾が発射された直後が，上りの傾斜が最もきついことになりますね。

素晴らしい！
その通りです。砲弾の方向は，重力の影響を受けてどんどん下向きになっていきます。ですから，発射直後が最も傾きが大きくなるわけですね。

先生！　微分で大砲の軌道を分析できましたね！
ちょっと感激です。

面白いでしょう。このようにして，現代社会においても，あらゆる物事の動きを微分による計算で予測しているわけなんです。

STEP 2

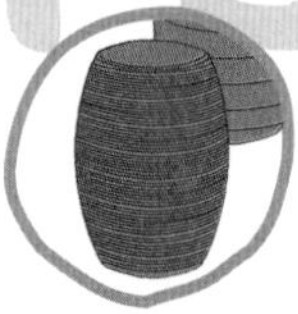

微分積分を使いこなそう

微分と正反対に見える積分は，微分と非常に密接な関係にあります。積分とはどのようなものなのでしょうか。また，微分とともに，どのような力を発揮するのでしょうか。

積分はどうして生まれたのか

さあ，続いては積分について見ていきましょう。微分は，接線の傾きを求めるものでしたね。
一方，**積分は，曲線に囲まれた領域の面積を求めるための方法です。**
微分と積分は一見正反対に見えますが，実はとても密接な関係があるんですよ。
まずは，積分が生まれた背景についてお話ししましょう。

お願いします！

たとえば，次のイラストのような，放物線と直線に囲まれた領域があるとします。この部分の面積を求めるにはどうしたらよいでしょうか？

これは……。どうしたらいいのでしょう。ぜんぜん思いつきませんね。

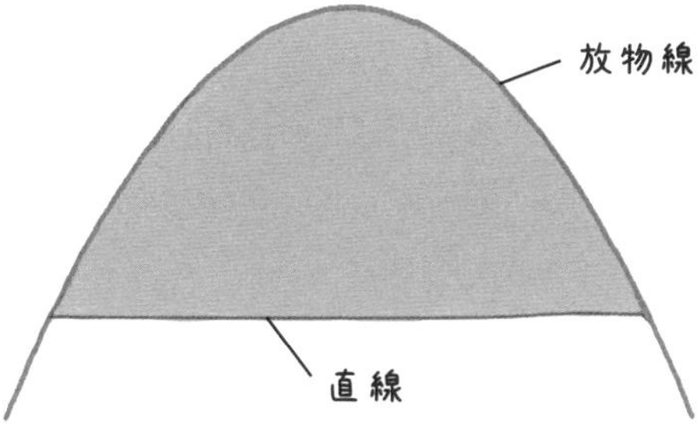

こうした領域の面積を求める方法を考えたのは，古代ギリシアの数学者・物理学者の**アルキメデス**（紀元前287～紀元前212）でした。
アルキメデスは**『放物線の求積』**という著書の中で，放物線と直線に囲まれた領域の面積を，無数の三角形で埋めつくすことで求める方法を示したのです。

アルキメデス
（紀元前287～紀元前212）

無数の三角形で!?

はい。そして，この考え方こそが，積分の土台となったのです。その原理をざっとお話ししましょう。
アルキメデスはまず，次のイラストのように，放物線と直線で囲まれた領域から，放物線の内側に接する三角形を切り取りました。

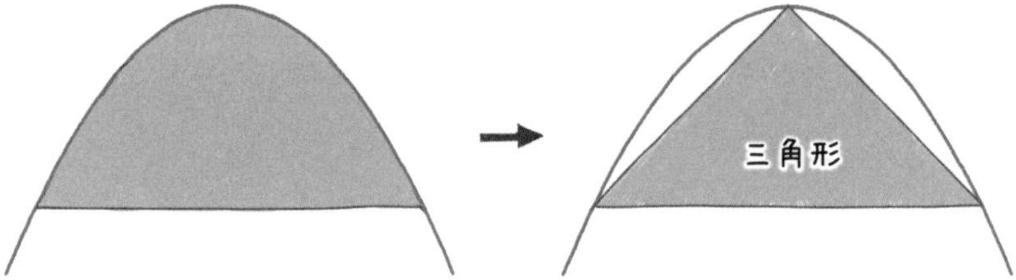

まず三角形でめいっぱいの面積を測るわけですか。……でもだいぶすきまが残ってしまいますね。

そうですよね。そこで，すきまを小さくするために，先ほどと同じように，放物線の内側に接する三角形を切り取ります。計算は省きますが，最初の三角形の面積を1とすると，2回目には面積がそれぞれ $\frac{1}{8}$ になるように，二つの三角形を切り取ることができるんです。

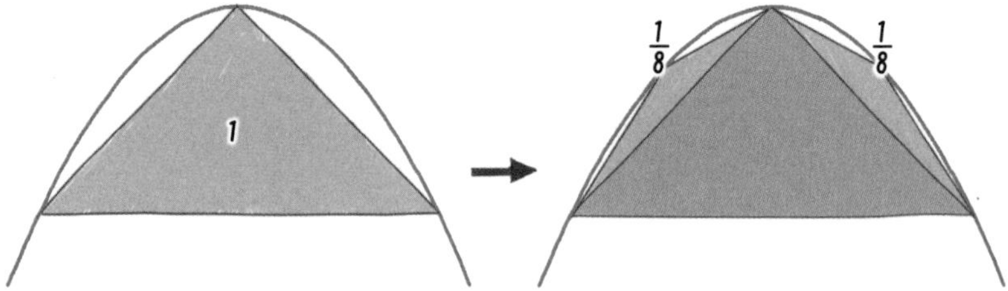

おっ，すきまが小さくなった。

ですよね。**この作業を無限にくりかえしていくと，すきまはほぼ無視できるくらいに小さくなっていきます。**

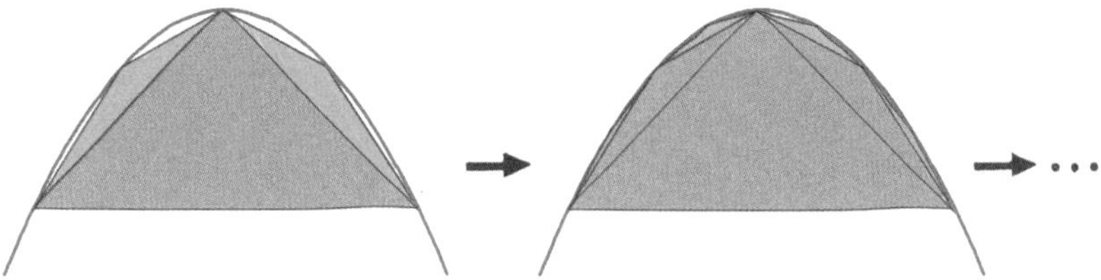

つまり，このように，**切り取った三角形の面積を限りなく足し合わせたものが，放物線と直線で囲まれた領域の面積になるわけです。**くわしい計算は省きますが，最初の三角形の面積を1とすると，このように三角形を無限に足し合わせた合計，すなわち放物線の内側の面積は，$1+\frac{1}{8}\times 2+\frac{1}{64}\times 4+\cdots\cdots$で，$\frac{4}{3}$になるのです。

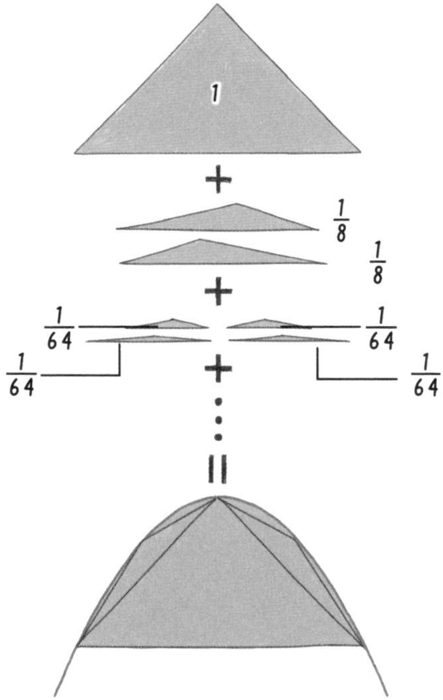

アルキメデスが考えたこの方法は，**取りつくし法**といいます。
「無限に小さい部分に分けて，それを足す」という考え方がポイントなんです。

なるほど……。

続いて，積分の発明につながる一歩をふみだしたのは，ドイツの天文学者**ヨハネス・ケプラー**（1571～1630）でした。
アルキメデスの発明から約1800年もあとのことでした。
ケプラーは，火星の軌道を求める研究をしていたときに，ある法則を発見したのです。火星は下のイラストのように，太陽のまわりを楕円軌道をえがいてまわっています。
ケプラーが発見したのは，**同じ時間が経過したときにえがかれるA，B，Cのどの扇形も面積が同じなるという法則でした（ケプラーの第2法則）。**

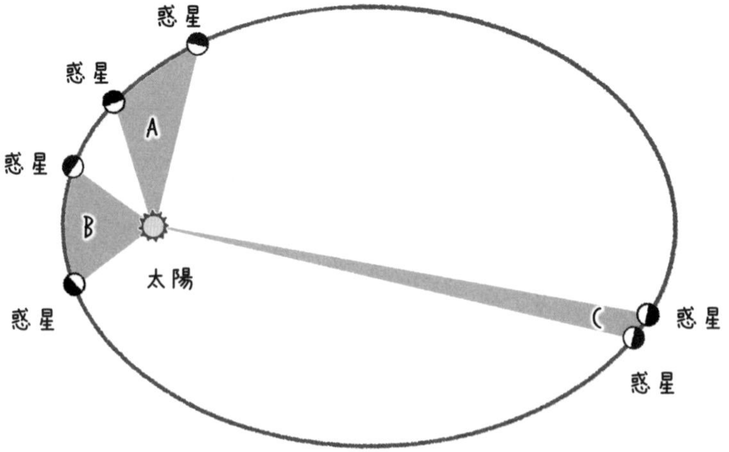

扇形の形はちがうのに，面積が同じになるんですね？

はい。この法則を証明するために，ケプラーは楕円形の軌道の内側にできる扇形の面積を求める方法を考案しました。
ほかにも，ケプラーは，無限に分けて足し合わせるという方法を応用して，ワイン樽の容積を求める方法も発明していました。当時のワイン商人は，ワイン樽に棒をさし込んでワインの量を見積もっていたため，ワインの量が正確に計量できていなかったのです。

たしかに，樽の形でいくらでもごまかせそうですよね。

そうなんです。そこでケプラーは，ワイン樽を無限に薄い円盤の重なりとみなして，体積を計算したんです。

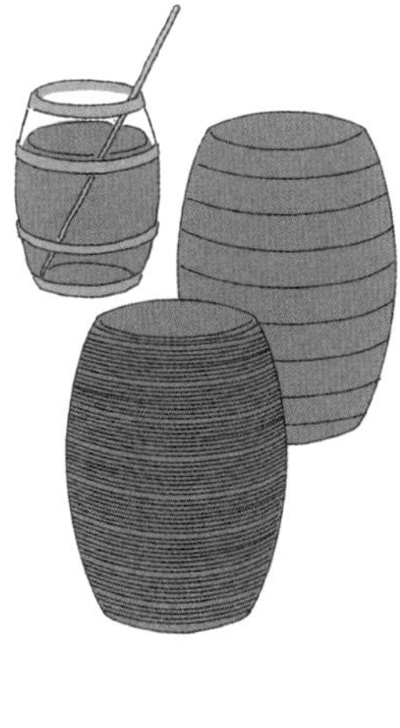

うすーくスライスするわけですね。

そうですね。ワイン樽の側面は曲線なので，そのまま体積を求めることができません。ですから，厚みがほぼゼロの薄い円柱にスライスして，それぞれの体積（底面積×高さ）を求めて，最後に足し合わせたんです。
そして，**ケプラーが考えたこの計算方法が，17世紀に積分が発展していく土台となったのです。**

アルキメデスのやり方と似てますね。

そうですね。さて，ケプラーの次に登場したのが，**ボナヴェントゥーラ・カヴァリエリ**（1598～1647）です。カヴァリエリは，ガリレオの下で学んだことでも知られています。カヴァリエリは，ケプラーのワイン樽の体積を求める方法を取り入れ，面積や体積を求めるための**新しい考え方**を発見しました。

またまたすごい人物が登場してきますね。いったいどんな考え方ですか？

カヴァリエリは，**「面」を無限に小さく分割すると「線」になり，「立体」を無限に小さく分割すると「面」になると考えたのです。**
これはつまり，**線や面を無数に積み上げれば，面や立体になることを意味します。**

なるほど。ケプラーの考え方が発展した感じですね。

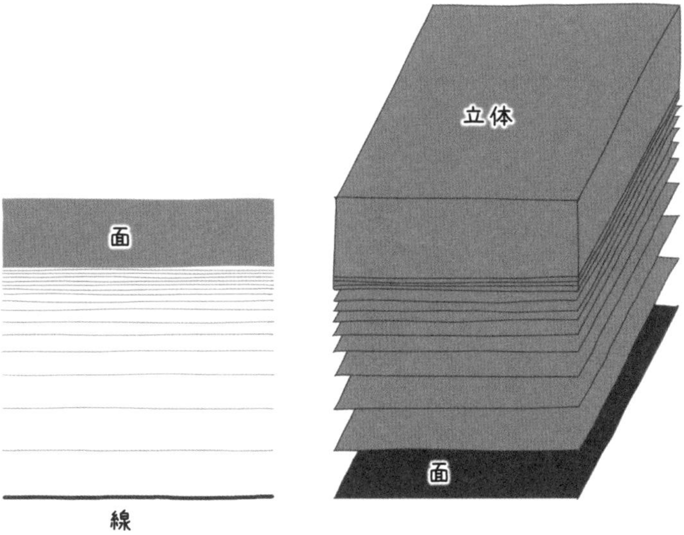

そうです。この考え方を使うことで，一見複雑な形をした図形の面積や体積も，単純な図形と比べることで，求めることができるようになりました。
たとえば，下の図形Ａ，Ｂ，Ｃは，平行な直線で切った切り口がどれも１です。Ｃの面積はどう求められるでしょうか？

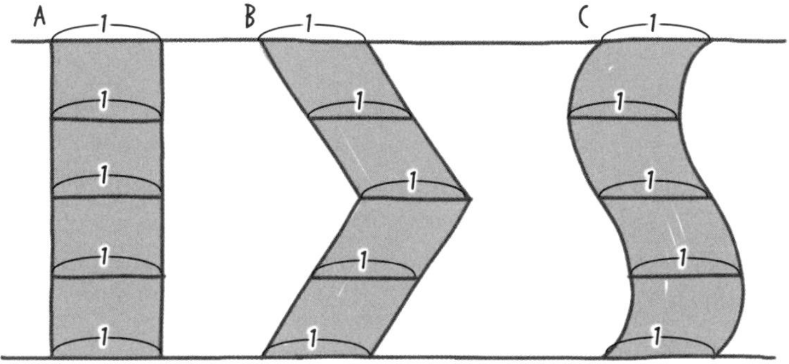

ええ〜。AとBは求められそうですけど，Cはグニャグニャしてますよね。どうやって求めたらいいんだろう。

正解はなんと，A，B，Cの面積はどれも同じなんです。なぜなら，面は線を積み上げたものだとカヴァリエリは考えましたね。だとしたら，A，B，Cはどれも切り口の長さが同じで，かつ高さも同じなのだから，同じ長さの線を同じ高さだけ積み上げたとみなせます。だから，A，B，Cの面積は同じになるはずです。

そういうことですか。

この考え方は**カヴァリエリの原理**とよばれています。その後，イタリアの物理学者，数学者**エヴァンジェリスタ・トリチェッリ**（1608〜1647）が，これと似た考え方で，曲線で囲まれた部分の面積や，曲面を回転させてできる立体の体積の求め方を考案しています。
こうして，紀元前から17世紀まで，曲線に囲まれた領域の面積を求める方法，すなわち積分法の研究は続き，円や放物線といった特定の曲線に囲まれた領域についての方法が考えだされました。しかし，どんな曲線にも対応するような一般的な方法は見つからなかったんです。

その方法も，やはり誰かが発見したわけですよね。

はい。それを発見したのもニュートンなんです。

ニュートン，すごすぎます！

ニュートンは，この「細かく分割して，それを積み重ねる」という積分の考え方が微分と逆の関係にあるということに気づいたのです。この，積分は微分の逆の関係にある，という考え方を利用することで，さまざまな曲線に囲まれた領域を正確に求めることが可能になりました。これにより，積分と微分は微分積分として合わせて取りあつかわれるようになったんです。

曲がった図形の面積や体積を計算してみよう

それではここから実際に，積分の方法について見ていきましょう。まずは，ニュートンの方法を使わずに地道に求めていきましょう。
はじめに，最も簡単な例として，直線$y=1$，「x軸」，「y軸」，そして「y軸と平行な赤い直線」で囲まれたピンク色の部分の面積を考えてみます。赤い直線は左右に移動できることにします。

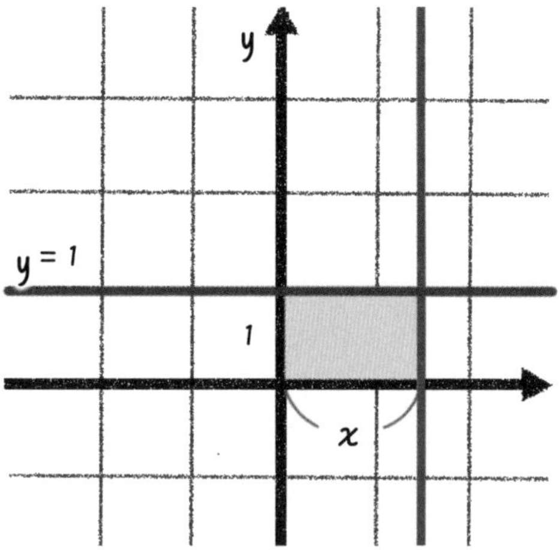

この場合，赤い直線のx軸の値が1であれば，面積は1×1で「1」，2であれば1×2で「2」，となりますね。
そして赤い直線のx軸との交点をxとし，面積をyであらわすと，$y=1\times x$で，$y=x$という関数が導かれます（次のイラストのB）。

$y=1$の下側の面積は?

①y軸と平行な直線（赤い直線）のx座標が1のとき

$y=1$，x軸，y軸，$x=1$で囲まれた部分は，1辺の長さが1の正方形となる。
面積は，底辺（1）×高さ（1）＝1。

②y軸と平行な直線（赤い直線）のx座標が2のとき

$y=1$，x軸，y軸，$x=2$で囲まれた部分は，底辺2，高さが1の長方形となる。
面積は，底辺（2）×高さ（1）＝2。

③y軸と平行な直線（赤い直線）のx座標がxのとき

$y=1$，x軸，y軸，$x=x$で囲まれた部分は，底辺x，高さが1の長方形（あるいは正方形）となる。
面積は，底辺（x）×高さ（1）＝x。つまり，赤い直線のx軸との交点をx，面積をyとすると，$y=x$という関係にある（B）。

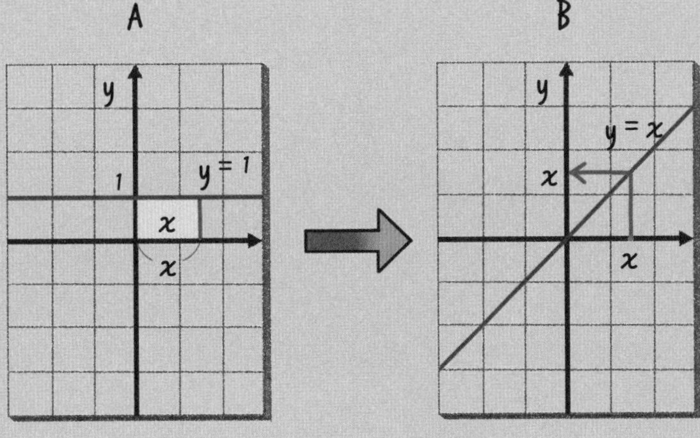

前のページのグラフBのy軸の値は，ピンク色の部分の面積の値となります。たとえばグラフAの赤い直線が$x=100$であれば，$y=x$から，面積は100となります。
こんなふうに，**直線や曲線をあらわす関数から，その直線や曲線に囲まれた領域の面積の新たな関数を求めることを「積分する」というのです。**
そして，あらたに導かれた関数を，**原始関数**といいます。

原始関数は，面積をあらわすわけですね。

その通りです。$y=1$を積分して，$y=x$という原始関数を得たわけですね。

$y=1$
↓（積分）
$y=x$

同じようにして，**$y=2x$**の関数を積分してみましょう（次のページ）。
すると，$y=x^2$という原始関数が得られます。

$y=2x$
↓（積分）
$y=x^2$

$y=2x$の下側の面積は？

①y軸と平行な直線（赤い直線）のx座標が1のとき

$y=2x$，x軸，$x=1$で囲まれた部分は，底辺1，高さが2の直角三角形となる。
面積は，底辺（1）×高さ（2）÷2＝1。

②y軸と平行な直線（赤い直線）のx座標が2のとき

$y=2x$，x軸，$x=2$で囲まれた部分は，底辺2，高さが4の直角三角形となる。
面積は，底辺（2）×高さ（4）÷2＝4。

③y軸と平行な直線（赤い直線）のx座標がxのとき

$y=2x$，x軸で囲まれた部分は，底辺x，高さが$2x$の直角三角形となる。
面積は，底辺（x）×高さ（$2x$）÷2＝x^2。つまり，赤い直線のx軸との交点をx，面積をyとすると，$y=x^2$という関係にある（B）。

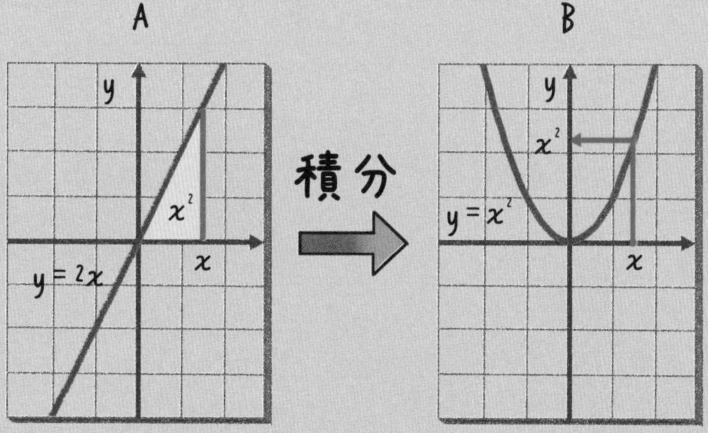

ここまでは，直線の下側の面積を求めました。ではここから，積分の本領である，曲線に囲まれた面積について考えてみましょう。
次のイラストは，$y = 3x^2$ の関数のグラフです。
この曲線と x 軸，$x = 1$ で囲まれた部分の面積を求めてみましょう。

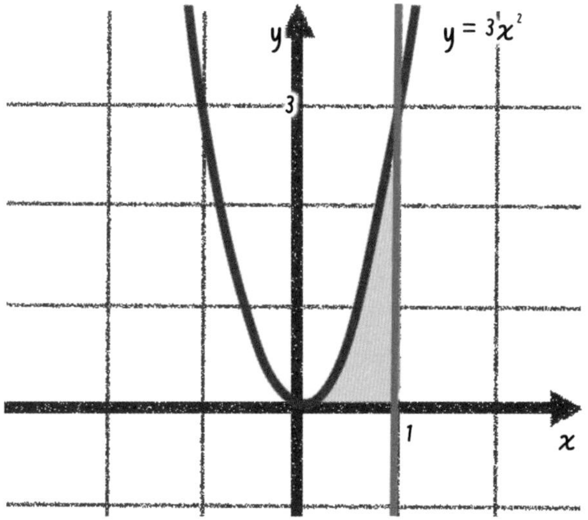

わー！　どうすればよいのでしょう。

「細かく分割して足し合わせる」という方法を思い出してください。
まず，この曲線の下の部分を，縦に分割してみましょう。
下辺が0.2の長方形が四つできました（次のページのイラスト）。
この四つの長方形の面積を足し合わせてみましょう。

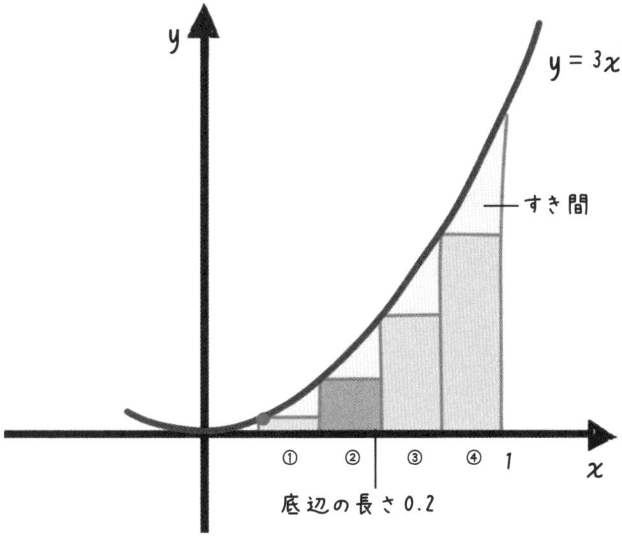

ええと。先生，高さがわかりませんが。

$y=3x^2$のyの値が高さをあらわしますから，$y=3x^2$のxに0.2を代入すると，①の長方形の高さがわかります。

あ，そうか。3×0.2×0.2だから，yつまり①の長方形の高さは0.12ですね。0.2×0.12で，①の長方形の面積は**0.024**になりました！

その通りです。この要領で，②は$y=3x^2$のxに0.4を，③は0.6を，④は0.8を代入していけば，それぞれのyの値，すなわち高さが出ますね。
計算方法は①の面積の出し方と同じです。こうして，①～④の長方形の面積と合計を一覧にしたのが，次のページの図です。

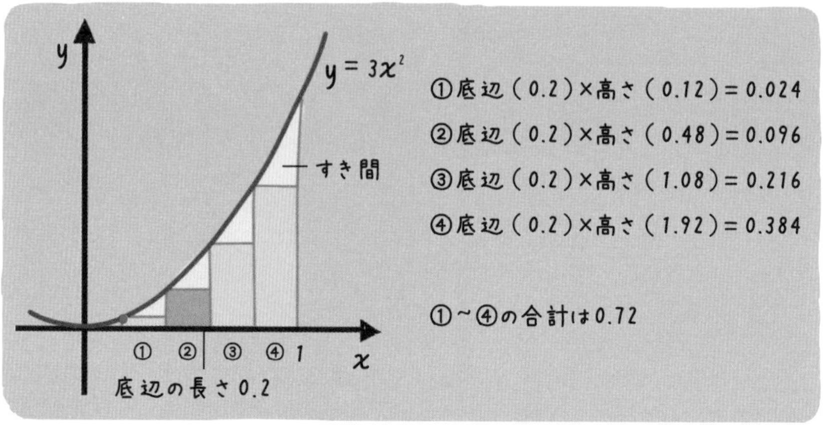

というわけで，合計は「0.72」になりました。

えっ？　でもまだすきまがかなりあったので，曲線の下の面積というには，ずいぶんずれがありそうですよ。

そうなんです。すきまを減らすには，分割する幅をどんどんせまくして，長方形の数をふやしていけばよいです。次のページを見てください。
さらに縦に分割して，下辺が0.1の長方形が9個できました。先ほどと同じ方法で計算すると，この長方形の面積の合計は「0.855」になります。

面積はかなりふえましたが，まだすきまが……。

今度は100分割してみましょう！　すると，一つの長方形の下辺は0.01となり，長方形の面積は「0.98505」となります。見た目も誤差が減り，正確な数値に近づいていることがわかります。

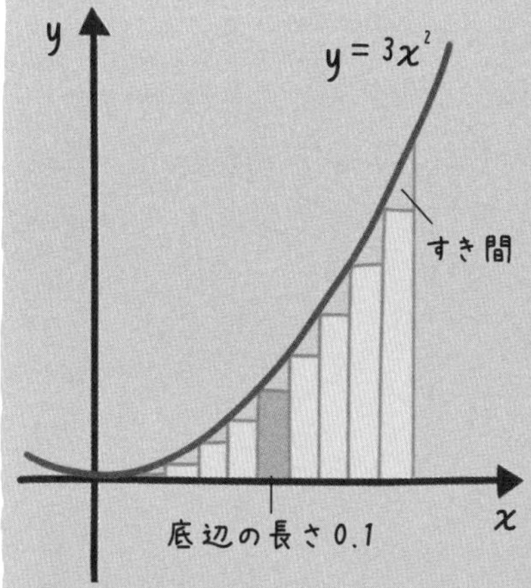

①底辺（0.1）×高さ（0.03）＝0.003
②底辺（0.1）×高さ（0.12）＝0.012
③底辺（0.1）×高さ（0.27）＝0.027
⋮
⑨.底辺（0.1）×高さ（2.43）＝0.243
①～⑨の合計は0.855

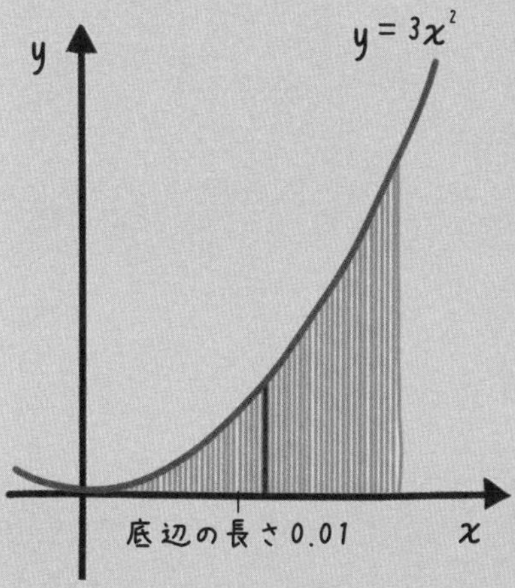

①底辺（0.01）× 高さ（0.0003）
＝0.000003
②底辺（0.01）× 高さ（0.0012）
＝0.000012
③底辺（0.01）× 高さ（0.0027）
＝0.000027
④底辺（0.01）× 高さ（0.0048）
＝0.000048
…（以下，96個分の長方形を省略）
100個の長方形の面積の合計は
0.98505

先生，限りなくゼロに近づけていく，っていうのは188ページでお話のあった**極限**の考え方と似ていますね。

そう，考え方は極限と同じなのです。分割の幅を限りなくゼロに近づけて，どんどん分割を細かくしていくと，面積の値は「1」に近づいていきます。
実はこれが「$y = 3x^2$」，「x軸」，そして「$x = 1$」で囲まれた部分（218ページのグラフのピンク色の部分）の正確な面積なのです。ちなみに，10000分割すると「0.999850005」になります。

ひえ〜！　計算だけで何日もかかりそうです……。

なお，y軸に平行な赤い直線が「$x = 2$」の場合，面積は「8」に，「$x = 3$」の場合，面積は「27」となります。そしてy軸に平行な赤い直線のx座標がxの場合は，面積は「x^3」となります。
次のイラストは，y軸と平行な赤い直線のx座標と，ピンク色の部分の面積の関係を，新たなグラフにえがいたものです。この曲線をあらわす式，つまり原始関数は「$y = x^3$」となります。
この方法は，長方形の集まりで面積を近似していくもので，とくに**区分求積法**とよばれます。

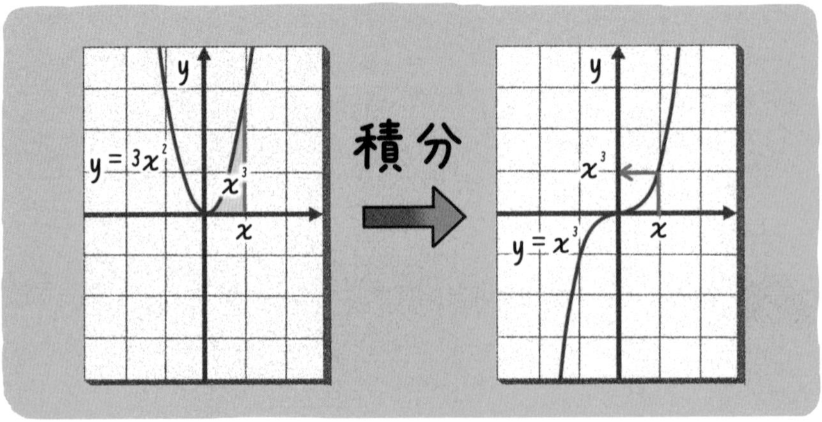

微分と積分は逆の関係!?

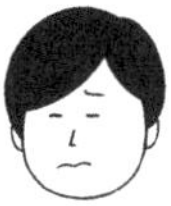

先生……。曲線の内側の面積を求めるのって，ちょっと大変すぎやしませんか。

本当，やってられませんね。でもここで，またまた**すごい法則**があらわれるんです！

えっ，何でしょう！

では，ここまでやってきた関数と，それを積分して出てくる**原始関数**を並べてみましょう。

関数		原始関数
$y=1$	→	$y=x$
$y=2x$	→	$y=x^2$
$y=3x^2$	→	$y=x^3$

それから，192ページで紹介した，関数と，微分して求められる**導関数**のペアも並べてみましょう。

関数		導関数
$y=x$	→	$y=1$
$y=x^2$	→	$y=2x$
$y=x^3$	→	$y=3x^2$

何か，気がつきませんか？

あれ！　**関数と原始関数のペアと，関数と導関数のペアって，前後の位置が反対なだけで，まったく同じじゃないですか!?**

そうなんです。$y=x^2$を微分すると，導関数$y=2x$が得られました。一方，$y=2x$を積分すると，原始関数$y=x^2$が得られます。$y=x$と$y=1$，$y=x^3$と$y=3x^2$なども同様の関係が成り立っています。

つまりこれはどういうことかというと，**「微分と積分は，おたがいに逆の計算である」ということです。**

微分と積分は逆の計算!?

はい。そして，「微分と積分は逆の計算」であることを利用すれば，微分の公式（192ページ）を逆に考えることで，次のような関係を見いだすことができます。

ポイント!

積分の重要公式

$$y=x^n \ (n\neq-1)$$

↓ 積分

$$\int y\,dx=\frac{1}{n+1}x^{n+1}+C$$

※∫（積分をあらわす記号：228ページ参照），C（積分定数：230ページ参照）

$y=x^n$のような関数を積分すると，$y=\frac{1}{n+1}x^{n+1}+C$という原始関数が導かれるのです。

この式は，$n=-1$をのぞくあらゆるnに成り立ちます。そして，原始関数$y=\frac{1}{n+1}x^{n+1}+C$を微分すると，ちゃんと元のx^nに戻ります。

このような関係を使うことで，さまざまな関数を一発で積分することが可能になったのです。

微分と積分は，表裏一体の関係にあるということですか。

そういうことです。

この公式は，微分積分の最も基本的で重要なものですので，覚えておいてください。

微分と積分が一つになった！

この発見をした一人はニュートンでした。接線の傾きを求める「微分」と，面積を求める「積分」は，実は逆の関係にあるという，この不思議な関係は，**微分積分学の基本定理**といいます。

ポイント！

微分積分学の基本定理

微分と積分は逆の関係にある。

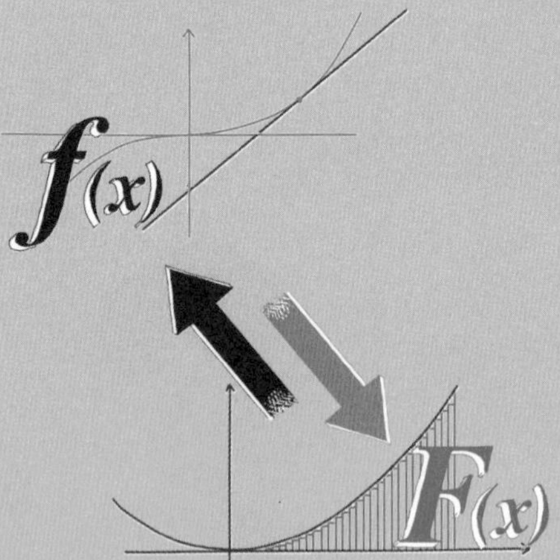

※F(x)＝原始関数

この定理が発見されるまでは，細かく分割して長方形をつくって足し合わせる方法しかなかったのです。面倒なうえに近似の値なので，正確さも欠いていました。
でも，この微分積分学の基本定理によって，そんな必要はなくなりました。面積を求めるには，微分の逆の操作をして，原始関数を求めればよいのです。
こうして，簡単に，そして正確に，曲線に囲まれた領域の面積を求めることが可能になったのです。

あの100分割とか1000分割とかの，とんでもない苦労をしなくてすむようになったんですね！

そうです。こうして，これまで別々に考えられていた微分と積分は微分積分に統一され，この発見をもって，ニュートンは微分積分の創始者といわれているのです。

積分で使われる記号

先生，ニュートンって本当にすごいですね。

そうですね。でも実は，ニュートンより先に，微分積分学を創始していた数学者がいたのです。ドイツの哲学者・数学者ゴットフリート・ヴィルヘルム・ライプニッツ（1646〜1716）です。
彼らはそれぞれ独自に微分積分を研究していましたが，ライプニッツはニュートンより早く微分積分学を公表したんです。

ゴットフリート・ヴィルヘルム・ライプニッツ
（1646 〜 1716）

じゃあ，ライプニッツが創始者ではないのですか!?

普通はそうですよね。でも当時，論文の「先取権」のようなものは整備されていなかったんですね。結局，どちらが先かという泥沼の論争になってしまったんです。

そんな……。

でも，現在使われている「dx」や，積分で使う$\int$は，ライプニッツが考案したものなんですよ。
ニュートン，ライプニッツは微分積分学の創始者といわれていますが，彼らの前に，多くの先人たちが積み上げてきた土台があったことも忘れてはいけません。

はい。先生，ところで，「dx」や「$\int$」とは……？

ではここで，積分に使われる記号についても説明しておきましょう。
$\int y dx$は，「yをxで積分する」ことをあらわします。この中の$\int$は，**インテグラル**といいます。
それからdxは，xの微少な差をあらわします。限りなくゼロに近い微小な幅，つまり細長く分割した長方形の底辺の値ですね。

∫は，ラテン語で**合計**をあらわす**summa**の頭文字を縦に引きのばしたものともいわれています。

なるほど。積分の左辺は，「底辺が限りなくゼロに近いくらいの細かい細かい長方形をたくさん足し合わて，積分するよ」っていうことをあらわしているんですね。

ポイント!

$$y = x^n \ (n \neq -1)$$

↓ 積分

$$\int y\,dx = \frac{1}{n+1} x^{n+1} + C$$

・積分をあらわす「∫」(インテグラル)
積分をあらわす。

・「dx」
xの微少な差をあらわす。限りなくゼロに近い，微小な幅をあらわす。曲線の下側の，細長く分割した長方形の底辺の値をあらわすと考えられる。

積分であらわれる「C」

先生，あと一つ教えてください。先ほどの公式の最後に，Cという記号がくっついていますが……？

Cは，**積分定数**といい，積分にだけ登場するものなんです。
「C」を説明する前に，まず「$y=x^2$」「$y=x^2+2$」「$y=x^2-3$」の関数を微分してみましょう。

$$y=x^2 \quad \rightarrow \quad y=2x$$
$$y=x^2+2 \quad \rightarrow \quad y=2x$$
$$y=x^2-3 \quad \rightarrow \quad y=2x$$

下線部分の「2」と「－3」はxがついていないので消えてしまいます。ですから，導関数は三つとも$2x$になりますね。では今度は逆に，導関数「$y=2x$」を積分してみてください。

さっきやった公式では，積分すると「x^2」です。でも，元の関数についていた2や－3が消えてしまいますね。

そうなんです。ある関数を微分し，その結果（導関数）を積分するとします。微分積分学の基本定理で考えると，元の関数に戻るはずです。
でもこのように，微分の段階で2や－3といった，元の関数についていた定数の情報は消えてしまうので，実は導関数は元の関数に完全に戻しようがないんです。

導関数からは，元の関数にどんな定数がついていたのかがわからないわけですね……。

そうなんです。だから，「C」を使って，任意の定数が入ることをあらわすんです。
Cは，定数を意味するconstantの頭文字です。
先ほどの例でいうと，「$y=2x$」を積分すると，$y=x^2+C$とあらわすわけですね。

なるほど。

このように，微分して$2x$になりうるすべての関数全体を不定積分といいます。
ですから$y=x^2+C$は$y=2x$の不定積分であり，Cに具体的な数をあてはめた場合，それは1つの原始関数となります。

先生，積分して得られる関数は原始関数なんですよね。だとしたら，不定積分もイコール原始関数といえますか？

そうですね。
$y=x^2+C$はつまり，$y=2x$の原始関数が取りうる関数すべてをあらわしているのです。
ですから，**「積分する」ということはつまり，原始関数，あるいは原始関数に積分定数Cをつけた「不定積分」を求める計算のことを指すといえます。**

（微分）

$$y = x^2 \Rightarrow y = 2x$$

（導関数）

（積分）
元の状態に戻す

$$y = 2x \Rightarrow y = x^2 + C$$

原始関数　積分定数

不定積分

関数をただ「積分する」という場合，一般的には原始関数にCをつけた「不定積分」を求める計算を指します。
一方で，ある特定の範囲を積分する場合は**定積分**といいます。定積分についても，ざっとご紹介しておきましょう。

ひいい。まだあるんですね。

定積分は，ある特定の範囲で，関数とx軸に囲まれた領域の面積を求める（積分）する方法です。
たとえば，「$y = 2x$」と，x軸に囲まれた領域のうち，xが1から2の範囲の面積を求めるような場合です。
このとき，$y = 2x$を，xについて1から2までの範囲を指定して積分します。下の数式のように，インテグラルの記号の右横に範囲を書きます。

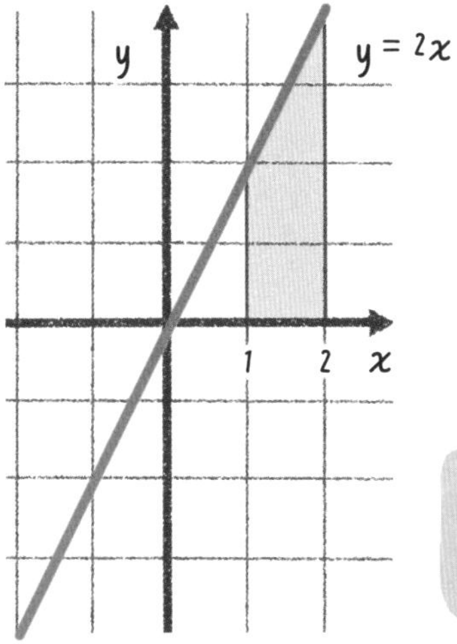

$$\int_1^2 y\,dx = \int_1^2 2x\,dx$$

範囲の小さい方の数値を下に，大きい方の数値を上に置くんですね。

はい。実際に計算してみましょう。
$y=2x$を不定積分すると，$y=x^2+C$になりますね。ここに，範囲を指す1と2をそれぞれxに代入して，差をとるのです。

$$\int_1^2 2x\,dx$$

$$=\left[x^2+C\right]_1^2$$

1と2をそれぞれxに代入して差をとる

$$=(4+C)-(1+C)=3$$

ここで，$\left[x^2+C\right]_1^2$は，2と1をそれぞれのxに代入して，2のときの値から1のときの値を引くことを意味します。

というわけで，面積は「3」と求められました。定積分の場合，「C」は消えます。ですから，定積分の場合は，計算の過程でもCを書かないことが多いんですよ。

この方法で，直線だけでなく，曲線の内側の面積を求めることもできます。

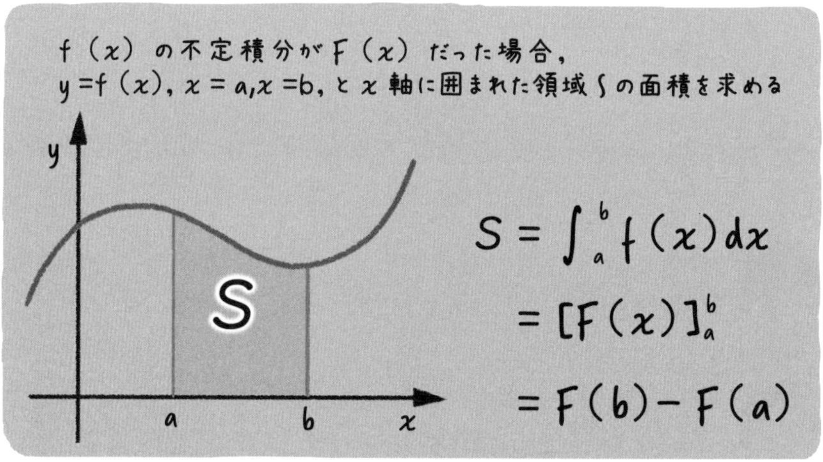

積分は原始関数を見つけだす計算のこと

さて，「微分と積分はおたがいに逆の関係にある」ということを，距離と速度を使ってまとめましょう。具体的なたとえでいうと，**微分は「移動距離から速度を求める」方法で，積分は「速度から移動距離を求める」方法といえます。**

と，いいますと……。

ある物体の速度がわかっているなら，「速度×経過時間」で「移動距離」を求めることができますよね。次のページの①のグラフは，横軸xを「時間」，縦軸yを「速度」として，**時間がたっても一定の速度で進むボールの移動**をあらわしたものです。
ボールの移動距離は速度×時間なので，赤線とx軸で囲まれた領域の面積と一致します。
一方，②のグラフは，**秒速20メートルの速度で打ち上げられたボールの速度と時間**をグラフにしたものです。ボールの速度は一定ではなく，重力を受けて徐々に遅くなっていきます。このとき，速度yは，$y=-10x+20$とあらわせることにしましょう。

はい。

実は，このときもボールの移動距離，すなわちボールの高さは，①と同じように，速度のグラフとx軸で囲まれた領域の面積と一致します。そこで，この面積を，細かい長方形に区切って考えてみましょう。
次のページのイラストのピンク色で示した長方形の面積をすべて足し合わせると，ボールが移動した距離とだいたい近い値になるはずです。
しかし，ボールの速度は一定ではないので，それぞれの長方形の面積は，実際の移動距離よりも，やや大きくなっています（赤線から飛びだした部分）。そこで，長方形の幅，すなわち，経過時間の幅を限りなく細かく分割していけば，実際の移動距離との誤差は限りなく小さくなっていきます。その方法が**積分**なわけですね。

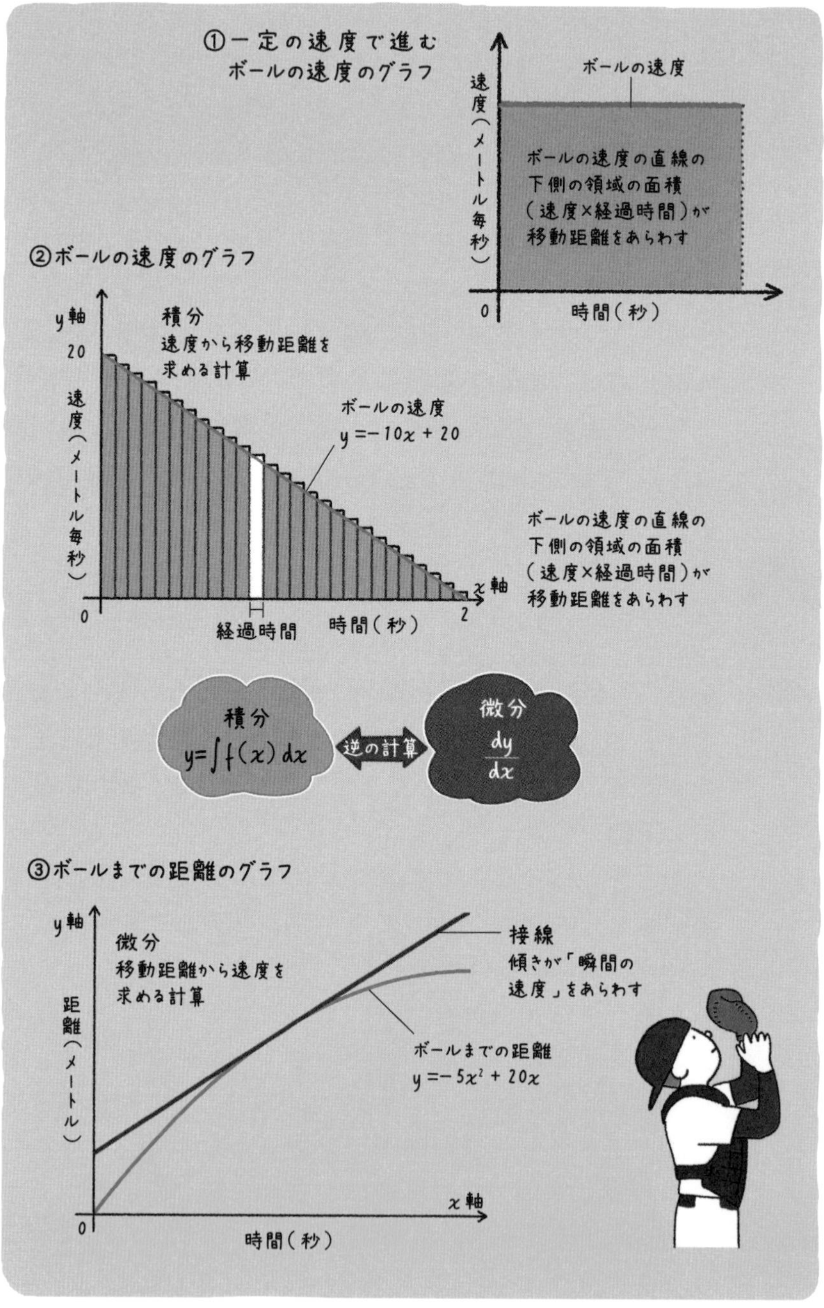
①一定の速度で進む
ボールの速度のグラフ
速度（メートル毎秒）
ボールの速度
ボールの速度の直線の
下側の領域の面積
（速度×経過時間）が
移動距離をあらわす
0
時間（秒）
②ボールの速度のグラフ
y軸
20
速度（メートル毎秒）
積分
速度から移動距離を
求める計算
ボールの速度
$y=-10x+20$
x軸
0
2
経過時間
時間（秒）
ボールの速度の直線の
下側の領域の面積
（速度×経過時間）が
移動距離をあらわす
積分
$y=\int f(x)\,dx$
逆の計算
微分
$\frac{dy}{dx}$
③ボールまでの距離のグラフ
y軸
微分
移動距離から速度を
求める計算
距離（メートル）
接線
傾きが「瞬間の
速度」をあらわす
ボールまでの距離
$y=-5x^2+20x$
x軸
0
時間（秒）

つまり積分を使えば，たとえ速度が一定でなくても，移動距離を正確に求めることができるのです。
実際に②の設定で，ボールの高さの関数$F(x)$（$f(x)$の原始関数）を求めてみましょう。
すなわち，微分したら「$-10x+20$」になるような関数を求めればよいのです。
まず，この式を以下のようにあらわします。

$$F(x) = \int f(x)\,dx$$

（原始関数）　（速度を積分する）

$$= \int (-10x + 20)\,dx$$

「微分したら$-10x+20$になる関数」を求めればよいので，つまり$F(x) = -5x^2 + 20x + C$と計算できます。
$F(x)$にはCが残っていますが，これは簡単に求められます。$x=0$（ボールを打ち上げた瞬間の時間）で，$F(x)=0$（高さが0）なので，この二つを代入してみましょう。

$$0 = -5 \times 0^2 + 20 \times 0 + C$$
$$0 = C$$

となり，$C=0$であることがわかります。そのため，ボールの移動距離（高さ）をあらわす関数は，$F(x) = -5x^2 + 20x$となります。

なるほど。だから積分は「速度から移動距離を求める方法」なんですね。

そうです。これに対し微分は，**移動距離から速度を求める方法だといえます。**
ボールの移動距離（高さ）をあらわす関数として$y=-5x^2+20x$が得られました。これが，③のグラフの放物線です。
この放物線のそれぞれの瞬間の傾きが，その瞬間の速度で，これを求めるのが微分なわけです。
この関数を微分すると，$y=-10x+20$という導関数が得られます（計算方法は192ページの微分公式参照）。

たしかに，速度をあらわす$y=-10x+20$が導かれていますね。

物の運動は方程式に支配されている！

ここまで微分積分を見てきましたが，微分積分は，物体の運動を調べるのに大きな威力を発揮します。また，砲弾やボールの運動といった物体の運動に限らず，自然界のしくみを知るうえで不可欠なものです。
なかでも，さまざまな自然現象を数式を使ってあらわそうとする**物理学**では，その多くの法則が，微分を含む**微分方程式**※とよばれる方程式であらわされます。

物理学の法則の多くに微分が含まれているなんて，驚きです……。

たとえば，17世紀にニュートンが打ち立てた理論体系として**ニュートン力学**があります。このニュートン力学は，あらゆる物体の運動を説明する物理学における基礎となる理論なのです。
そのニュートン力学の中で最も重要な方程式に**運動方程式**があります。

運動方程式

$$m\frac{dv}{dt}=F$$

※：微分方程式は，以前は高校の数学で習いましたが，現在ではくわしくは学ばなくなっています。

わー！　はじめて見ます……。

mは物体の質量，vは速度，tは時刻，Fは力をあらわしています。この中の「$\frac{dv}{dt}$」に注目してください。これは速度を時刻tで微分したものなんです。

あっ！　微分がこんなところに！

これは「加速度」とよばれる量をあらわしているんです。加速度とは，速度がどれくらい変化するのかをあらわす量です。たとえば，1秒ごとに秒速1メートルずつ速度が増していく場合，加速度は，1m/s^2とあらわします。

こんなところに微分が含まれていたのか。

運動方程式は，「物体にはたらく力が，質量と加速度の積に等しい」ということをあらわしています。別の言い方をすれば，「物体の加速度は，加えられた力の大きさに比例し，質量に反比例する」ということになるのです。
「方程式を解く」とは，通常は方程式を満たす未知数を求めることを意味します。一方で，「微分方程式を解く」とは，微分や積分の知識を駆使して，微分方程式を満たす**未知の関数**を求めることを意味します。運動方程式の場合は，はたらいている力Fがわかっているとして，速度vを時刻tの関数として求めることが，微分方程式を解くことになります。

未知の関数!?

つまり，運動方程式を解くことで，物体の速度がどのように変化するのかがわかり，物体の運動の未来を予測することができるのです。

未来を予測するって，関数の説明のときに，先生がおっしゃっていましたね。

その通りです。
また，物理法則が微分方程式であらわされる例はほかにもたくさんあります。たとえば，電気と磁気の法則をまとめた**マクスウェル方程式**，液体や気体などの流体のふるまいを解き明かす流体力学の基礎となる**ナビエ・ストークス方程式**，原子や電子などのミクロな粒子のふるまいを解き明かす量子力学の基礎となる**シュレディンガー方程式**も，微分方程式です。

微分積分って，自然界を支配してるって感じですね！

そうですね。微分方程式は，自然界のさまざまな現象のしくみを解き明かし，過去や未来を分析・予測するための**最強のツール**だといえるでしょう。

高校では，その基礎となる部分を学ぶわけなんですね。

偉人伝❷

物理学の基礎を確立，アイザック・ニュートン

アイザック・ニュートン（1642 ～ 1727）は，1642年のクリスマスに，イギリスの農村ウールスソープで生まれました。アイザック少年はよく本を読み，機械じかけのものに興味をもったそうです。風車や日時計を自分でつくったといわれています。性格は物静かで，一人でいることが多かったそうです。

ニュートンが17歳になろうとしたころ，母親は農場経営をつがせようとします。ところが，ニュートンが通っていた学校の校長をはじめ，彼の非凡な才能に気づいていた周囲の人たちは進学を強くすすめました。ニュートン自身も農場経営は性に合わなかったようで，羊を逃がしてしまうなど，失敗が多かったようです。

名門ケンブリッジ大学へ進学

1661年，ニュートン青年は，農場をつがずに，ケンブリッジ大学のトリニティ・カレッジへ進学します。そこで，ガリレオ・ガリレイやルネ・デカルトといった，当時最先端の学者たちの本を熱心に読みました。また，天文学について強い興味をいだいています。ただ，夜ごと天文観測を行ったせいで体調をくずしたり，太陽を直接観測してひどく眼を痛めたりしており，熱中の度が過ぎることもあったようです。

「驚異の諸年」がおとずれる

1665年，ニュートンは故郷のウールスソープにもどりました。ペストの流行で大学が閉鎖されたためです。そこで数

学や物理学の研究に取りくみました。それが，科学史を塗りかえる三つの大発見につながります。その三つとは，「微分積分法」「万有引力の法則」「光の理論」です。

ニュートンは数学と物理学のほか，「錬金術」や「神学」にも強い興味をいだいて，熱心に研究していたことが知られています。錬金術とは，さまざまな物質を化学的に金にかえる方法のことです。ニュートンが書いた神に関する文書は，物理学や数学，天文学について書かれたものよりも多いといわれています。ニュートンは，物理学や数学のことを，神がつくった世界を読みとくための言葉だと考えていたそうです。1687年，歴史的大著『プリンキピア』が出版され，ニュートンは天才科学者として国際的な評価を高めました。

最晩年は，結石の苦痛に耐える日々であったようです。ニュートンは微分積分学（calculus）をつくり，結石（同じく英語でcalculus）に悩まされたのです。生涯独身でした。

4
時間目

ものごとには法則がある「確率と統計」

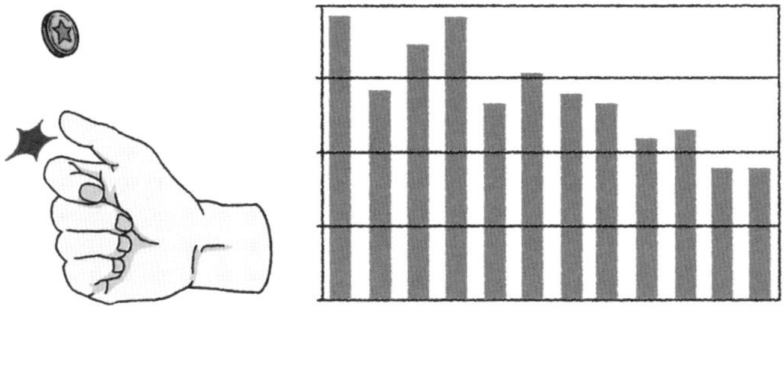

STEP 1

ものごとのおこりやすさの数値「確率」

「確率」と「統計」は，実社会で役立っていることが比較的わかりやすい分野でしょう。具体的な事例とともに，確率と統計の基礎をご紹介しましょう。

身近にあるいろいろな確率

さあ，いよいよ最後の章にきました。ここでは，中学校や高校で学ぶ**確率**と**統計**をご紹介しましょう。
STEP1では「確率」を，STEP2で「統計」についてお話ししますね。

はい！

たとえば「降水確率が10パーセントだから今日は傘はいらないな」とか，「大谷選手，2023年WBCの打率4割3分5厘で大会MVP！」など，「確率」は私たちの生活の中で幅広く用いられています。「確率」という言葉は日常生活でもよく耳にされるでしょう？

そうですね。たしかによく聞きます。それから確率っていうと，やっぱり**ギャンブル**のイメージが強いですね。**宝くじ**とか**競馬**とか……。

そういえば，「確率○パーセント」とかいう数値は，計算しているんでしょう。先生，そもそも「確率」って何なのでしょうか？

確率とは，ある現象のおきやすさの「程度」を数値化したものです。
また，同じ確率でも，実は大きく分けて**二つの種類**があるんですよ。
一つは，**数学的確率**です。
たとえば，**サイコロ**を振って偶数の目が出る確率は，どれぐらいでしょう？

偶数と奇数の二つがあるから……，50パーセントじゃないですか。

そうですね。この確率は，**場合の数**を使って求めることができるんです。

場合の数，ですか？

はい。くりかえすことができて，その結果が偶然によって決まる実験や観測を**試行**，その結果おこることを**事象**といいます。この場合，サイコロを振ることは試行で，たとえば偶数の目や1の目が出ることなどは，それぞれ事象になります。
場合の数とは，試行によってある事象がおこる場合が何通りあるのかを示す数のことです。

ポイント！

試行……くりかえすことができ，その結果が偶然によって決まる実験や観測。

事象……試行によっておこる結果。

場合の数……ある事象がおこる場合が何通りあるのかを示す数。

そして，**確率は，「すべての場合の数」と「求める場合の数」の比率で求めることができます。**
このサイコロの例だと，すべての場合の数は6，求める場合の数は3なので，確率は$\frac{3}{6}=\frac{1}{2}$，つまり50％と計算できるんです。

へええ……。「可能性」を計算で出せるんですね。

そうです。それからもう一つは，統計的確率です。
統計的確率は，その名の通り，統計を使って，ある現象がおきる頻度を求めることをいいます。
サイコロの偶数の目が出る確率を求める場合，統計的確率は，サイコロを何度も振って，その振った回数と偶数の目が出た回数の比率から，偶数の出る目の確率を求めるんです。
たとえば，実際にサイコロを1000回振って，偶数の目が400回出たとします。すると，偶数の目が出る確率は，$\frac{400}{1000}=\frac{2}{5}$ となります。
サイコロの目の出方の数学的確率を求めるときには，目の出方が完全に同じであることが条件です。もし少しでもかたよりがあったら，計算で確率を計算することは不可能なのです。そんなときに統計的確率を使えば，どの目が出やすいかを知ることができます。

なるほど！

野球選手の打率も，これまでの試合で打ったデータから，統計的確率の計算を使って導きだしているのです。

それにしても，「打率４割３分５厘」ってとんでもない数値ですよね。

そうですね。でも，今後同じような打率を維持できるかどうかまではわかりません。
つまり，**統計的確率には，実際のデータがかかわってくるので数値はデータによって変化します。一方，数学的確率はつねに同じ確率で，数値は基本的に変化しません。**
このあとこの本では主に数学的確率を取りあつかいます。単に確率といったら，数学的確率を指すと思ってください。

ポイント！

確率には2種類ある

数学的確率

ある現象が「おきる可能性」を計算で求める。
数値はつねに一定で，変化はしない。

$$\text{数学的確率} = \frac{\text{求める場合の数}}{\text{おこりうるすべての場合の数}}$$

統計的確率

ある現象が「おきる頻度」を，統計を使って求める。
過去のデータから導きだすので，数値は変化する。

$$\text{統計的確率} = \frac{\text{実際におきた回数}}{\text{試行回数}}$$

確率に欠かせない「場合の数」

先生，確率の計算って，もしかして「場合の数」が出せないとはじまらないのではないですか？
何通りおこりうるのか，ってなんだかとんでもない数になると思うのですが……。

その通りです。お察しの通り，確率と場合の数は切っても切れない関係にあります。でも大丈夫，「場合の数」も計算で出すことができるんですよ。
ここで，数字の書いてあるカードを例に，三つの「場合の数」について見ていきましょう。
カードの並べ方は次のようなパターンが考えられます。

カードの並べ方のパターン

① 4 枚のカードの並べ方は何通りか？

② 4 枚のカードから 2 枚を選ぶとき，その選び方は何通りか？

③ 9 枚のカードから 2 枚を選ぶとき，その選び方は何通りか？

まず4枚のカードをすべて並べるとき，その並べ方が何通りあるかを考えていきましょう。
まず1枚目は**4通り**ありますね。1枚目が決まれば，2枚目は1枚目以外のカードがくるので，それぞれ**3通り**になります。同様に，2枚目が決まれば3枚目のカードはそれぞれ**2通り**で，4枚目は残った**1通り**だけになります。

パターンが一つずつ減っていきますね。

その通りです！　したがって，4枚のカードの並べ方は，次のように計算することができます。

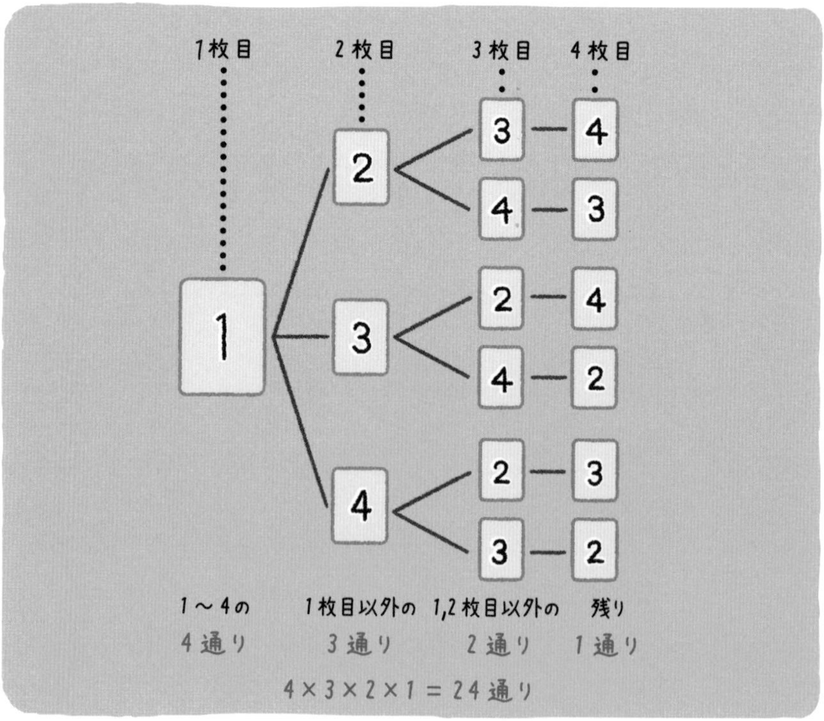

4×3×2×1＝24で，24通りですね！

そうなんです。ではこの方法で，9通りのカードの並べ方は何通りあるか，計算してみてください。電卓を使っていいですよ。

はい。9×8×7×6×5×4×3×2×1だから……（パチパチ）。

36万2880通りぃ!?

すごいでしょう。**n個の要素を並べ替えるとき，その並び方の数は，nから1までの数を一つずつ減らしながらかけ算すればいいのです。**

このような計算を**階乗**といい，**「！」**という記号を使ってあらわします。4枚のカードの並べ方の数は，「4の階乗」といい，「4!」とあらわします。

ポイント！

階乗 **！**

n個のことなる要素を並び替えるとき，並び方の総数は，

$n! = n \times (n-1) \times (n-2) \times \cdots\cdots \times 1$

ちなみに，！の前の数字が大きいと，結果が驚くほど急激に大きくなるから，この記号になったといわれているんですよ。

続いて4枚のカードから2枚を選んで並べる場合の数を考えてみましょう。4枚のカードから2桁の数がいくつできるのか，ということですね。
まず，最初に取りだした数を10の位，次に取りだしたカードを1の位としましょう。すると，10の位の数は4通り，1の位の数は3通りになりますね。ということは，2桁の数字は，4×3で，**12通り**になります。

なるほど。

同じ考え方で，じゃあ，4枚のカードから3桁の数字をつくるとしたら，何通りになりますか？

ええと，100の位は4通り，10の位は3通り，1の位は2通りだから，4×3×2で**24通り**ですね！

大正解！　このような並べ方を**順列**といい，$_{n}P_{r}$という記号を使ってあらわします。

ポイント！

順列

$$_{n}P_{r}$$

n個の要素からr個選んで並べるとき，順列の総数は，

$$_{n}P_{r} = \underbrace{n \times (n-1) \times (n-2) \times \cdots\cdots (n-r+1)}_{r\text{個}}$$

4枚のカードから2枚を選んで組み合わせる場合，${}_4P_2$と書きます。4つの要素から3個を選ぶ場合は${}_4P_3$です。計算するときには，Pの左側の数字を一つずつ小さくしていきながら，右側の数の回数，かけ算するんです。${}_4P_2$なら4×3，${}_5P_3$なら$5\times4\times3$という具合です。

へえぇ～！　便利ですね。

さて，今度は9枚のカードから同時に2枚選びます。このとき，2枚のカードの**組み合わせ**が何通りできるかを考えます。
たとえば順列の場合，「1」と「2」なら「1，2」と「2，1」で2通りです。一方組み合わせの場合，並び順は関係ないので「1と2」の**1通り**と考えます。

並び順を区別しない分，場合の数は減るわけですね。うーん，ぜんぜんわかりません。

ここで，順列の知識を使いましょう。
たとえば，「1，2」「2，1」のように，同じ組み合わせの2枚のカードの並べ方は，「2!」で2通りですよね。
ですから，9枚から2枚を選ぶときの組み合わせの数は，9枚から2枚を選ぶときの順列の数を，2枚のカードの並べ方のパターン＝2!で割ることで求めることができるんです。式で書くと，次のようになります。

$$\frac{{}_9P_2}{2!} = \frac{9\times8}{2\times1} = 36$$

ということで，9枚のカードから2枚を選ぶとき，その組み合わせは，**36通り**になります。
これを，イラストで見てみましょう。
次の表は，9枚のカードから2枚を選ぶパターンを書きだしたものです。「順列」では数の並びで区別するので，二つの三角形(赤色部分)は別で考えます。
一方，「組み合わせ」では，数の並びは関係ないので，選び方のパターンは三角形一つ分です。つまり，**順列の数の半分**ということです。

	1	2	3	4	5	6	7	8	9
1	×	12	13	14	15	16	17	18	19
2	21	×	23	24	25	26	27	28	29
3	31	32	×	34	35	36	37	38	39
4	41	42	43	×	45	46	47	48	49
5	51	52	53	54	×	56	57	58	59
6	61	62	63	64	65	×	67	68	69
7	71	72	73	74	75	76	×	78	79
8	81	82	83	84	85	86	87	×	89
9	91	92	93	94	95	96	97	98	×

なるほど！

n 枚のカードから r 枚選ぶときの組み合わせの数は ${}_{n}C_{r}$ という記号を使ってあらわし，計算式は次のようになります。

ポイント！

組み合わせ　${}_{n}C_{r}$

n 枚のカードから r 枚選ぶとき，その組み合わせ

$$
{}_{n}C_{r} = \frac{{}_{n}P_{r}}{r!} = \frac{n \times (n-1) \times (n-2) \times \cdots\cdots \times (n-r+1)}{r \times (r-1) \times (r-2) \times \cdots\cdots \times 1}
$$

ですから，9枚のうち3枚の組み合わせなら，${}_{9}C_{3} = \frac{{}_{9}P_{3}}{3!} = 84$ 通りになりますし，5枚のうち3枚の組み合わせなら，${}_{5}C_{3} = \frac{{}_{5}P_{3}}{3!} = 10$ 通りになります。

なるほど〜。なんとなくイメージはつかめました。

ギャンブルは「期待値」が大事

私，結構ロトを買ったりしてたんですけど，宝くじって，当たるんですかね!?
確率の知識は，ギャンブルを当てにいくようなことには使えないのでしょうか？

そうですねえ……ではここから，ギャンブルの確率について考えてみましょうか。当たるかどうかはさておき，まずは宝くじがどういう性質のものなのかを見ていきましょう。
まず，ギャンブルの損得を確率で考えるためには，期待値の考え方を習得する必要があります。
期待値とは，確率的に期待できる数値のことです。

期待値，ですか。

はい。たとえば，サイコロを2個振って，1のぞろ目が出るか，1以外のぞろ目が出るか，それ以外が出るかに賭けるとします。

1のぞろ目にかけて当たったら賞金1万円，1以外のぞろ目なら3000円，それ以外なら400円がもらえます。さて，あなたならどの目にかけますか？

いい換えれば，**「1のぞろ目に当たったら賞金1万円もらえる賭け」「1以外のぞろ目に当たったら賞金3000円もらえる賭け」「ぞろ目が出なければ賞金400円もらえる賭け」の三つのうち，どの賭けが一番有利でしょうか？**

うーん，どうするかな～！

こんなふうに，合理的な判断をしたいときに役立つのが「期待値」なんです。

この場合，どれくらいの賞金が期待できるかを計算した「見込みの額」が期待値です。それぞれのパターンごとに**「賞金×確率」をすべての場合で計算し，それを合計することで求めることができます。**

ポイント！

期待値……確率的に期待できる数値

へええ～！　素人は山勘でいってしまうところですよね。この場合，期待値はどれぐらいになるんですか？

まず，1のぞろ目が出る確率は$\frac{1}{36}$です。そして1以外のぞろ目が出る確率は$\frac{5}{36}$，それ以外の目が出る確率は$\frac{30}{36}=\frac{5}{6}$ですね。
実際に計算してみましょうか。

1のぞろ目にかけた場合の期待値

10000円$\times\frac{1}{36}+$0円$\times\frac{5}{36}+$0円$\times\frac{5}{6}=$約278円

278円得られる見込みがある。

1以外のぞろ目にかけた場合の期待値

0円$\times\frac{1}{36}+$3000円$\times\frac{5}{36}+$0円$\times\frac{5}{6}=$約417円

417円得られる見込みがある。

それ以外の目にかけた場合の期待値

0円$\times\frac{1}{36}+$0円$\times\frac{5}{36}+$400円$\times\frac{5}{6}=$約333円

333円得られる見込みがある。

1以外のぞろ目にかけた場合が，417円と最も期待値が大きいですね！

そうですね。つまり，「1以外のぞろ目にかけるのが合理的な選択」ということになりますね。

すごい！　もうロトが当たりそうな気がしてきました！

フフフ。では今度は，あなたがやっている**ロト**の期待値を見てみましょうか。
ミニロト，ロト6，ロト7それぞれのロトの期待値を計算してくらべてみましょう。
これらはどれも，自分で好きな数字を複数選んで，それらが抽せんで決まる数字と何個一致しているかで当せん額が決まる宝くじですね。

そうです。なかなか一致しないんですよね。

それぞれの当せん確率は，当せんの条件を満たす数字の組み合わせの数を，数字の選び方の総数で割って求めることができます。
たとえば，ミニロトの1等は，31個の数字の中から選んだ5個の数字が，抽せんによって決まった「本数字」5個とすべて一致する必要があります。

あっ！　何通りの組み合わせがあるか，ということですね！

そうです。31個から5個を選ぶ場合，$_{31}C_5$ですから，組み合わせの総数は**16万9911通り**になります。1等の組み合わせは1通りですから，その当せん確率は**16万9911分の1**ということになります。

ひゃあ〜！　クラクラ〜！

そして，それぞれの期待値を計算したものが，次の表になります。

ミニロト

1口200円で，1～31の31個の数字の中からことなる5個を選びます。選んだ5個の数字が，抽せんで決まる「本数字」5個，「ボーナス数字」1個と何個一致したかで当せん金額が決まります。

◎1等：申込数字5個が本数字5個とすべて一致
…当せん金額1000万円，確率は16万9911分の1

◎2等：申込数字5個のうち4個が本数字と一致，申込数字の残り1個がボーナス数字と一致
…当せん金額15万円，確率は16万9911分の5

◎3等：申込数字5個のうち4個が本数字と一致
…当せん金額1万円，確率は16万9911分の125

◎4等：申込数字5個のうち3個が本数字と一致
…当せん金額1000円，確率は16万9911分の3250

$$\text{期待値} = 10000000 \times \frac{1}{169911} + 150000 \times \frac{5}{169911} + 10000 \times \frac{125}{169911} + 1000 \times \frac{3250}{169911}$$

$$= \text{約}\,89.8\,\text{円}$$

ロト6

1口200円で，1～43の43個の数字の中からことなる6個を選びます。選んだ6個の数字が，抽せんで決まる「本数字」6個，「ボーナス数字」1個と何個一致したかで当せん金額が決まります。

◎1等：申込数字6個が本数字6個とすべて一致
…当せん金額2億円，確率は609万6454分の1

◎2等：申込数字6個のうち5個が本数字と一致，申込数字の残り1個がボーナス数字と一致
…当せん金額1000万円，確率は609万6454分の6

◎3等：申込数字6個のうち5個が本数字と一致
…当せん金額30万円，確率は609万6454分の216

◎4等：申込数字6個のうち4個が本数字と一致
…当せん金額6800円，確率は609万6454分の9990

◎5等：申込数字6個のうち3個が本数字と一致
…当せん金額1000円，確率は609万6454分の15万5400

$$\text{期待値} = 200000000 \times \frac{1}{6096454} + 10000000 \times \frac{6}{6096454} + 300000 \times \frac{216}{6096454} + 6800 \times \frac{9990}{6096454} + 1000 \times \frac{155400}{6096454}$$

$$= \text{約}\,89.9\,\text{円}$$

ロト7

1口300円で，1～37の37個の数字の中からことなる7個を選びます。選んだ7個の数字が，抽せんで決まる「本数字」7個，「ボーナス数字」2個と何個一致したかで当せん金額が決まります。

◎1等：申込数字7個が本数字7個とすべて一致
…当せん金額6億円，確率は1029万5472分の1

◎2等：申込数字7個のうち6個が本数字と一致，申込数字の残り1個がボーナス数字のどちらかと一致
…当せん金額730万円，確率は1029万5472分の14

◎3等：申込数字7個のうち6個が本数字と一致
…当せん金額73万円，確率は1029万5472分の196

◎4等：申込数字7個のうち5個が本数字と一致
…当せん金額9100円，確率は1029万5472分の9135

◎5等：申込数字7個のうち4個が本数字と一致
…当せん金額1440円，確率は1029万5472分の14万2100

◎6等：申込数字7個のうち3個が本数字と一致，さらにボーナス数字の1個または2個と一致
…当せん金額1000円，確率は1029万5472分の24万2550

※当せん金額は，販売総額や何本の当せんがあったかなどによって毎回変動します。上記の計算に使った当せん金額は，みずほ銀行のWebサイトに掲載されていた「理論値」。なお，複数の等級での重複当せんは認められず，当せんした上位の等級が優先される。

$$\text{期待値} = 600000000 \times \frac{1}{10295472} + 7300000 \times \frac{14}{10295472} + 730000 \times \frac{196}{10295472} + 9100 \times \frac{9135}{10295472} + 1440 \times \frac{142100}{10295472} + 1000 \times \frac{242550}{10295472}$$

$$= \text{約}133.6\text{円} \rightarrow 1\text{口}200\text{円に換算すると 約}89.1\text{円}$$

実際に期待値を計算すると，ミニロトは約89.8円，ロト6は約89.9円，ロト7は約89.1円で，三つともほぼ同じ期待値です。

宝くじやギャンブルは，基本的には購入した金額（かけ金）よりも，当選によって得られる期待値の方が小さくなるように設定されています。運営側（胴元）が損をしないようになっているわけです。

そんな～！

コイン を1000回投げると，裏と表はほぼ半々!?

ここで，確率に関する**重要な法則**をご紹介しておきましょう。ここに，裏・表の出る確率が等しいコインがあります。このコインを使って，裏と表が出る確率を検証してみたいと思います。

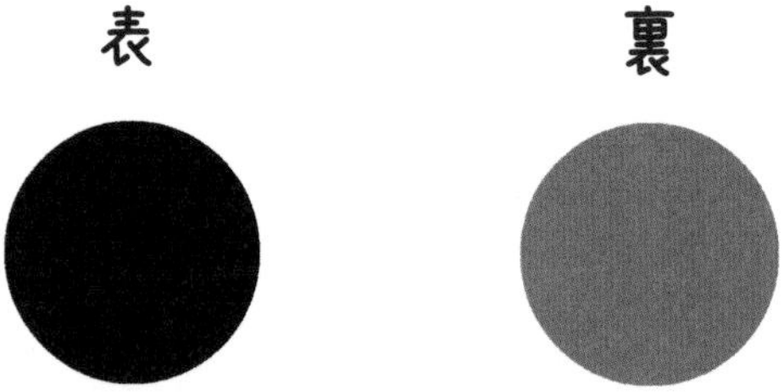

はい。表と裏，どちらも出る確率は$\frac{1}{2}$ですね。

このコインを**1000回投げて**その出る目を検証するのです。次のページは，その検証結果を一覧にしたものです。

す，すごい！　でもどっちがどれぐらい出たのかはわかりませんね。

これを数えると，**表が508回**，**裏が492回**出ていることがわかります。
割合でいうと，表が50.8％，裏は49.2％です。

ほぼほぼ半々ですね！

1000 回

さて，下のイラストは，前ページであげたコインを投げた結果から，**10回分を9通り，100回分を4通り**，適当に抜きだして，それぞれ黒と白が出た回数を集計したものです。
前ページのイラストで，抜きだした10回分はグレーで、100回分はピンクの線で囲んであります。
何か，**特徴**はありませんか？

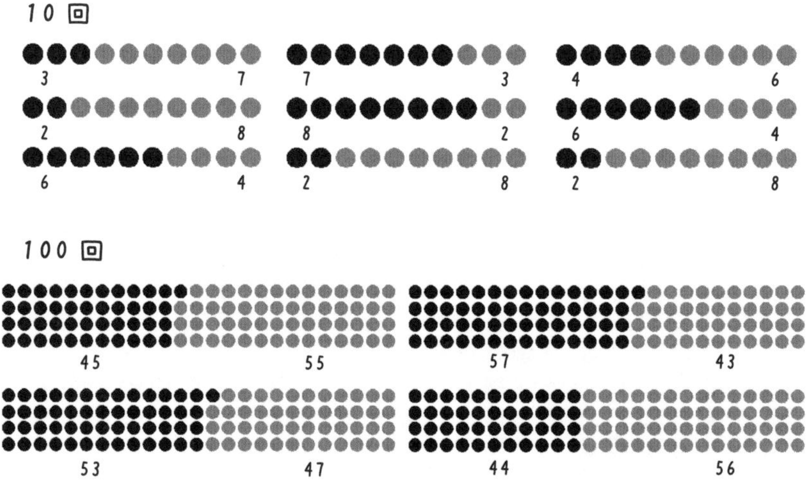

10回振ったほうは，裏表が出る確率は半々じゃないですね。でも，100回分を並べてみると，どれも裏表がほぼ半々になっている……？

そうなんです。このように，事象を一つ勝手に選ぶとして，それがどのような頻度でおこるかを考えます。**試行をくりかえしていくと，その事象がおこる確率は数学的確率に近づいていくんです。**これは，数学的に証明される**大数の法則**とよばれる事実から導かれる事実なんです。

つまり，出る目にかたよりのないコインを投げると，少ない回数では本来の確率$\frac{1}{2}$から外れることがあっても，無限回投げれば，理論的に表と裏の確率は，ちょうど$\frac{1}{2}$（50％）になるんです。これは，確率を学ぶうえでとても大切な法則ですから，覚えておいてください。
コインの裏表について，前ページでやったようなことを1000回分で集計してみると，下のイラストのようになります。

不思議ですね……。

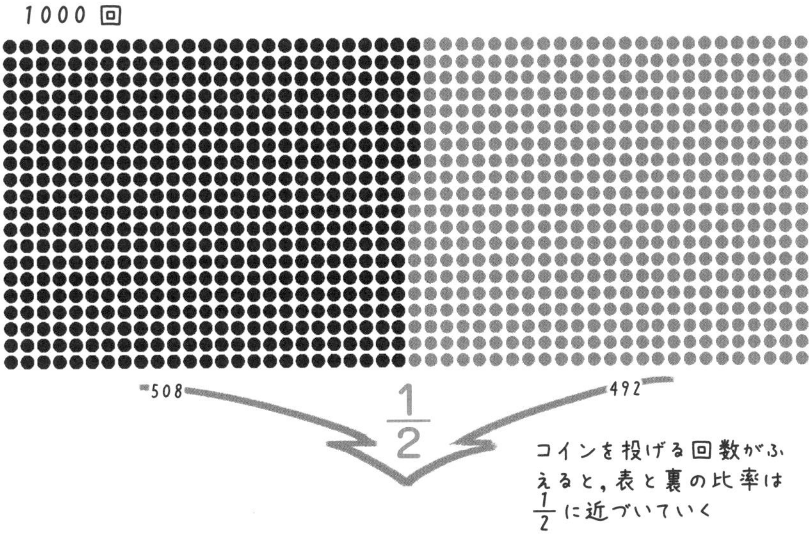

ポイント！

大数の法則から，一つの事象がおこる確率は，調べる試行の回数をふやせば，その事象の数学的確率に近づく。

ギャンブルはやればやるほど損!?

先生，ズバリお聞きしますが，**ギャンブル**でもうけることは可能でしょうか？

そうですねえ。
ギャンブルには，大きく分けて「低い確率で大きなリターンが得られるタイプ」と，「高い確率で小さなリターンが得られるタイプ」があります。
前者のタイプのギャンブルだと，相当な回数を重ねなければ，実際に得られる金額と期待値は近い値にはなりません。反対に，後者のタイプのギャンブルでは，さほど回数を重ねなくても，実際に得られる金額と期待値が近い値になっていきます。

うーむ。なかなか当たらないなら，回数を多くするしかありませんからねえ。

たとえば先ほどのようにサイコロを振るとき，それぞれの目が出る確率はすべて$\frac{1}{6}$です。でも，最初のうちは結果にかたよりがあり，6回振って全部の目が均等に出ることはむしろ稀です。ところが，何回も振るうちに，それぞれの確率は徐々に$\frac{1}{6}$に近づいていくのです。これも，大数の法則の一つの例です。
そして，この法則がなりたつには，それぞれの事象が**独立**でなければなりません。

独立？

はい。**「独立」とは，それぞれの事象がおたがいに影響をおよぼさず，無関係であるということです。**
たとえばサイコロは，それぞれの目が出る確率はすべて$\frac{1}{6}$ですよね。でも，「1が出たあとには6が出やすい」といったことはありません。サイコロを振るという行為そのものは，何回行おうとそれぞれが独立だといえます。
その観点からすると，**実はギャンブルは，やればやるほど，損をするしくみになっているんですよ。**

ガーン！　そうなんですか？

はい。世の中に存在するギャンブルは，先にもお話ししましたが，基本的に胴元に有利に設定されています。というのも，**参加者が得られる賞金の期待値は，掛け金より小さくなるように設定されているからなんです。**

胴元が儲かるようにできているんですね。

その通りです。参加者が多くなるほど，ギャンブルの回数がふえるほど，胴元が払う金額は「大数の法則」にしたがっていきます。そのため，確率計算で求められる値に近づいていき，胴元が有利になっていくのです。
一方で，確率の計算の立場でいうと，賭ける人全体で見ればやはり不利になることはたしかです。しかしこのことは，賭けた人の1人1人にとってはどうなのか，ということとはことなります。

確率を取るか，ワクワク感を取るか，それは人それぞれということですね。

直感を裏切る条件つき確率

ここで，少しちがったパターンの確率についてご紹介しましょう。
ここに2枚のコインがあります。これらを放り投げて落ちたとします。このとき，2枚のうちのいずれか1枚のコインが**表**であるとわかりました。
さて，残りの1枚のコインも表である確率はいくつでしょうか。

ええ？　それはやっぱり$\frac{1}{2}$なんじゃないですか？

普通はそう思いますよね。でも正解は$\frac{1}{3}$なんです。

どうして？ おかしくないですか？

何も情報がない段階で考えられる表裏のパターンは，次の**表表，表裏，裏表，裏裏**の4通りで，それぞれ等しい確率でおきますね。

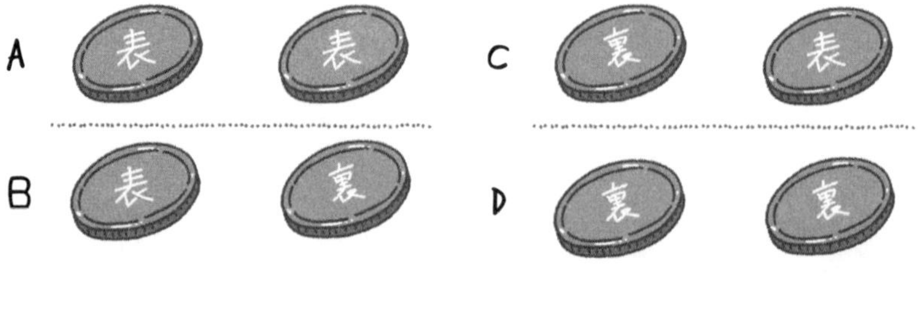

しかし，2枚のうちのいずれか1枚が表とわかったので，**裏，裏**の可能性はなくなりました。ということは，残った3パターンのうち，残りの1枚も表であるのは，**表，表**の1パターンのみです。
というわけで，確率3分の1というわけです。

ああ〜なるほど……。引っかかりました。

面白いでしょう。ここでポイントになるのは，**「2枚のうちのいずれか1枚のコインが，表であるとわかった」という条件がつくことで，結果が変わった**ということなんです。
このコイントスのように，事象Xがおこったという条件のもとで事象Yがおきる確率を**条件つき確率**といいます。
P(Y｜X)のような形であらわし，次の公式で求められます。

ポイント！

条件つき確率

事象Xがおきるという条件のもとで事象Yがおきる確率

$$= \frac{\text{XかつYがおきる確率}}{\text{Xがおきる確率}}$$

確率にちょっと条件が加わると，結果はイメージと全然ちがうものになるんですね。

そうなんです。**条件つき確率は，直感に反することがしばしばあるんです。**先ほどのコインの例を，公式にあてはめて考えてみましょう。

事象X：コインの少なくとも1枚が表
事象Y：コインが2枚とも表

$$P(Y|X)=\frac{\text{コインの1枚が表で，かつもう1枚も表の確率}}{\text{コインの1枚が表の確率}}$$

$$=\frac{1}{4}\div\frac{3}{4}=\frac{1}{3}$$

たしかに確率は$\frac{1}{3}$になりましたね。

面白いですね！

では最後にもう一つ，条件つき確率を求めてみましょうか。52枚のトランプがあります。1枚引いたらハートであるとき，それがキングである確率は？

えっ，ええとええと，この場合，事象Xが「引いたカードがハート」で，事象Yは「キングである」わけだから……。公式にあてはめると，「$\frac{\text{ハートのキングを引く確率}}{\text{ハートを引く確率}}$」になりますね。

その通りです。数をあてはめてみましょう。

事象Xは52枚のカードからハートを引くので，$\frac{13}{52}$ですね。それぞれの絵札は13枚ずつですから。引いたカードがハートのキングである確率は，$\frac{1}{52}$。
ということは……。

引いたカードがハートのとき，それがキングである確率

$$= \frac{\text{ハートのキングを引く確率}}{\text{ハートを引く確率}}$$

$$= \frac{1}{52} \div \frac{13}{52} = \frac{1}{13}$$

正解！　よくできました。

フフ，割と簡単ですね。

ここでは，おおまかな確率の知識をご紹介しました。
世の中は不確実な物事の連続です。その中で，正しい意思決定を下すには，こうした確率の知識はとても役に立ちます。確率は，ギャンブルだけではなく，**災害**がおこる確率や，**生命保険**の算出，**迷惑メール**の振り分けなど，私たちの生活のさまざまな場面で活躍しているんです。
次のページに，ここでは紹介できなかったものもあわせて，確率の重要公式をまとめたので，ぜひ参考にしてみてください。

確率の重要公式集

数学的確率

$$確率 = \frac{考えている場合の数}{おこりうるすべての場合の数}$$

独立事象の乗法定理

事象Aと事象Bがおたがいのおこりやすさに影響をあたえない(独立である)とき，AとBがともにおこる確率は，次のようにかけ算(乗法)であらわせます。

AとBがともにおこる確率
　＝Aがおこる確率×Bがおこる確率

加法定理

事象Aと事象Bが同時におこらない(排反である)とき，AまたはBがおこる確率は，次のように足し算(加法)であらわせます。

AまたはBがおこる確率
　＝Aがおこる確率＋Bがおこる確率

余事象

「Aがおこらない」という事象のことを，Aの余事象といいます。

Aの余事象の確率
　＝1－Aがおこる確率

順列

n個の中からr個を選んで順番に並べるときの場合の数を「順列」といいます。

n個からr個を選んで並べる順列

$$= {}_nP_r = \underbrace{n \times (n-1) \times (n-2) \times \cdots\cdots \times (n-r+1)}_{r\text{個}}$$

組み合わせ

n個の中からr個を選ぶときの場合の数を「組み合わせ」といいます。順列とちがい，順番は関係ありません。

$$n\text{個から}r\text{個を選ぶ組み合わせ} = {}_nC_r = \frac{{}_nP_r}{r!}$$

期待値

おこりうるすべての事象1～nについて，それぞれの事象がおきる確率(P_1～P_n)と，その事象がおきたときに得られる値(X_1～X_n)をかけ，それらをすべて足し上げたものを「期待値」といいます。

$$\text{期待値} = P_1 \times X_1 + P_2 \times X_2 + \cdots\cdots + P_n \times X_n$$

条件つき確率

ある事象Bがおこったときに，別の事象Aがおこる確率を，「条件つき確率」とよびます。

Bがおこったという条件のもとで，Aがおこる条件つき確率

$$= \frac{\text{AかつBがおこる確率}}{\text{Bがおこる確率}}$$

STEP 2

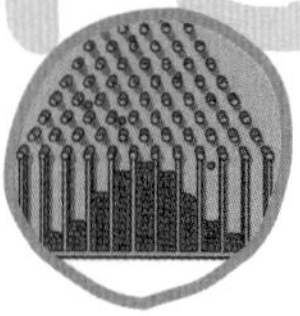

データを正しく読む「統計」

「統計」も，現代社会において欠かすことのできない分野です。「確率」が的確な意思決定の道具だとしたら，「統計」は，データを正しく読み解く技術といえるでしょう。

統計学とは，現象の法則性を見つけること

今まで説明してきた確率を用いることで，大きく発展してきたのが統計学です。

統計学は，データを分析することで，現象の法則性を見つける学問です。

2021年度から，中学校でも統計学を使って，データの分析方法を学ぶことになっていますね。

ここからは，統計学のごく基本的な部分について，お話ししていきましょう。

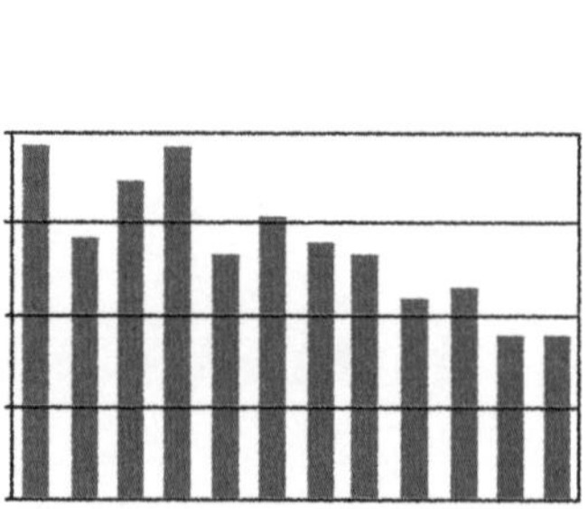

お願いします！
ところで今は中学校から統計学を習うんですか!?
統計学って，身近な存在になっているんですねぇ。

そうですね。統計学の基礎を築いた一人に，17世紀のイギリスの人口統計学者**ジョン・グラント**（1620～1674）がいます。当時，ロンドンには**死亡表**がありました。死亡表とは，市内の教会で洗礼を受け，結婚式を挙げて，埋葬された者の記録です。グラントはこれを購入し，精細に観察して，計算をしたのです。すると，人の出生や死亡には**一定の法則性**が見られることがわかったのです。

いったいどんな法則性だったんですか？

たとえば，誕生してから約30％は4歳以下で死亡していること，また，生きのびた人の36％は6歳以下で死亡していることなどです。彼は死亡表から考えられる法則性を項目に分けてまとめました。

……それにしても当時は乳幼児の死亡率が高いですね。衛生環境などが悪かったのかな。現代では考えられませんね。

まさに今あなたが推測されたように，こうして統計を取ることで，昔と今の衛生や医療のちがいの一端をかいま見ることができるのです。衛生環境や医療のちがいという要因と関連性があるかどうかは，あらためて項目を立てて調査しないといけませんけどね。

なるほど，統計とはこういうことなんですね。

グラントが行ったこの方法は，現在では**記述統計学**といわれています。
記述統計学には，ある全体（集団）の法則性を知るためには，全体を調べなければいけないという**全数調査**の考え方があり，この考えのもとに**調べることができるたくさんの資料やデータを観察し，整理して，数量的な法則性を導きだす方法です。**

集団全体を調べるなんて，たとえば国レベルになると大変ではないですか？

そうなんです。そこで，記述統計学を基礎として，ここ1世紀ほどで理論が体系化されたのが**推測統計学**なのです。
全数調査をしなくても，全体の一部の集団を調査するだけで，全体の法則性を見いだせることが，さまざまな実験結果からわかったのです。

全体じゃなくて，その一部に注目するわけですか。

はい。その後，多くの学者による研究や，確率論の成果を取り入れながら，統計学の手法は洗練されていきました。得られたデータを適切に分析するための基礎である統計学は，近代以降の科学・工学・医学などの重要な基盤となっています。

点数悪いのにほめられたのはなぜ!?

はじめに，「成績の良し悪しは，テストの点数からは判断できない」というお話からはじめましょう。
塾の宣伝文句に「全教科平均90点以上」などとうたわれているのを見かけます。しかし，統計学的な視点で考えると，90点だから「よい成績」，50点だから「悪い成績」などと，点数だけからは単純に判断できないんです。

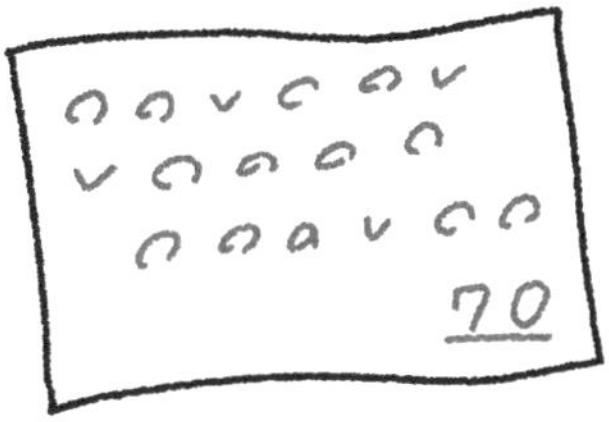

そうなんですか？

ええ。なぜなら，テストによって**平均点**はさまざまだからです。たとえばあなたが数学のテストで70点を取ったとしましょう。前回も同じ70点でした。クラスの平均点は60点で，これも前回と同じでした。

まあ，よくもないし，悪くもない感じですね。

ところが数学の先生はあなたのことを「今回はよくがんばったね」とほめてくれたのです。

へ？　前回と同じパッとしない点数なのにですか？
なぜでしょう。

次のグラフを見てください。横軸を点数，縦軸を人数として，上は前回のテストの点数の分布，下は今回のテストの点数の分布をあらわしたものです。

A. 前回の数学のテスト

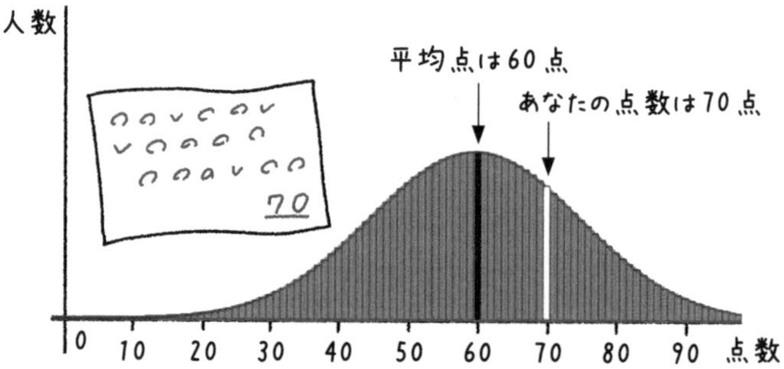

B. 今回の数学のテスト

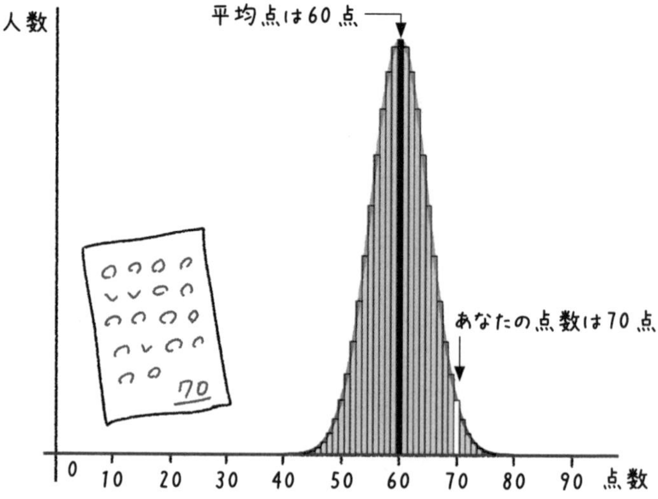

前回のテストの方はなだらかな山みたいな分布で，今回のテストの方は，とがった山みたいな分布ですね。

両者の平均点は同じ60点ですが，**分布**の仕方がことなるんですね。つまり，前回は点数のばらつきが大きく，今回はばらつきが小さいことがわかります。

ばらつき，ですか。

はい。前回のテストの点数のなだらかな分布からは，前回はあなたよりよい点数を取っている人がたくさんいたことがわかります。
一方で，今回のテストの点数のとがった分布からは，あなたよりもよい点数を取った人は前回よりずっと少なかったことが読み取れます。

なるほど！　前回は高得点の人もたくさんいたけど，今回はみんな平均点のまわりにかたまっていて，高得点をとるのがむずかしかったのですね。そんな中で今回も同じ70点をキープしたから，先生はほめてくれたわけですか。

その通りです。**このことから，データは平均値を見ただけではその特徴を十分にとらえられないことがわかります。データの「ばらつき」を見ることも，データを正しく理解するうえでとても重要なのです。**

「データを正しく読む」って，こういうことからはじまるんですね。

平均値より「ばらつき」が大事

今，「ばらつきを見ることが大事」とお話ししました。そのばらつき具合を，具体的に数値化して見る方法をご紹介しましょう。

まず，平均値と個々のデータの差のことを**偏差**といいます。**偏差は，一つ一つのデータが平均値からどれくらいはなれているかをあらわす値で，平均より大きければプラスの値，小さければマイナスの値になります。**

たとえば，先ほどのように平均点が60点で，あなたの点数が70点なら，「70点－60点」で偏差は10です。一方，あなたの点数が50点なら，「50点－60点」で，偏差は－10ということになります。

なるほど。平均点との差ですね。

そうです。偏差は，平均との差をあらわしているわけですから，全員の偏差を集めれば，全体の点数のばらつき具合がわかりそうです。

でも単に，すべてのデータの偏差を足しただけでは，必ずゼロになってしまいます。

そこで，**偏差を2乗してプラスの数にしたうえで全部足し，データの総数で割るのです。**

このように，偏差を2乗してから平均を取った値を**分散**といいます。統計学では，データのばらつきをあらわす便利な指標の一つとして使われます。

点数じゃなくて，偏差の2乗の平均を見るわけですね。

そうです。
ただし，分散は平均値からのずれ（偏差）を二乗した値を使うため，ややあつかいづらい面があります。それを補うもう一つの指標として，分散の平方根がよく使われます。この値を**標準偏差**といい，**σ（シグマ）**であらわされます。
たとえば分散が308.5だった場合，$\sigma = \sqrt{308.5} = 17.56$ になります。
分散や標準偏差が大きければグラフはなだらかな山型になり，小さければとがった山型になります。
これらは統計の基本となる部分ですから，ぜひマスターしてください。

ポイント！

$$\text{平均} = \frac{\text{データの値の合計}}{\text{データの個数}}$$

$$\text{分散} = \frac{(\text{データ}_1 - \text{平均})^2 + (\text{データ}_2 - \text{平均})^2 + \cdots + (\text{最後のデータ} - \text{平均})^2}{\text{データの個数}}$$

$$\text{標準偏差} = \sqrt{\text{分散}}$$

自然界のあらゆるデータの分布は釣り鐘型をえがく

さてここで，統計分析において非常に重要な**正規分布**についてお話ししましょう。
とても不思議なことなのですが，テストの点数，身長，製品の規格誤差，相撲の勝敗数などなど，**自然界や社会で見られるさまざまなデータを取り，その結果をグラフ化すると，下のイラストのような，平均値を中心とした左右対称の釣り鐘のような形になっていくのです。**

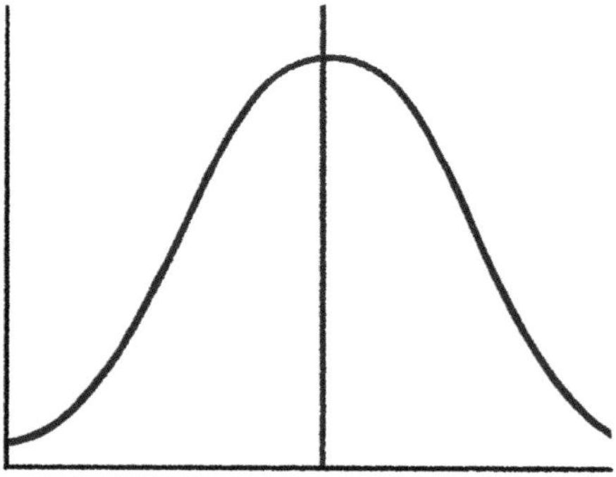

本当ですか!?

はい。このように，各データが左右対称の釣り鐘型に割り振られる分布の代表的なものが**正規分布**なのです。
正規分布は自然界で最も一般的なデータの集合で，統計分析のさまざまな場面で登場します。
正規分布は，統計学で最も重要な分布だといえるでしょう。

たとえば**ピンボール**を使うと，正規分布をつくることができます。上から玉を入れると，玉はピンにぶつかり，右に行ったり左に行ったりしながら落ちていきます。そしてたくさんの玉を落としていくと，最終的に次のイラストのように，自然に正規分布をえがくんです。

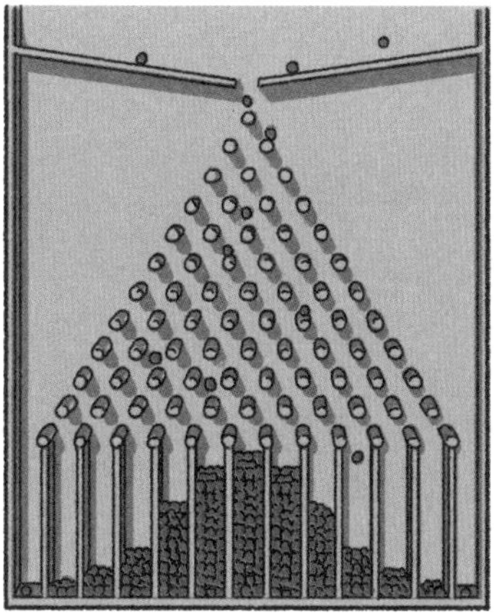

不思議……。なぜそうなるんでしょう？

玉がピンにぶつかり，左右どちらに行くかの確率はそれぞれ50％です。でも，どちらか片方にだけに行く玉はありえませんよね。ですから左右の端に玉はあまり集まりません。

なるほど。だから真ん中に多く集まるわけですか。

玉は「右か左か」の二者択一をくりかえしているといえます。二者択一の機会が多い＝ピンの数が多いほど，その分布は正規分布に近づいていきます。

正規分布は，フランスの数学者**アブラーム・ド・モアブル**（1667〜1754）によって研究されました。また，著名な数学者**カール・フリードリヒ・ガウス**（1777〜1855）は，観測の誤差が正規分布になることに注目し，小惑星「ケレス」の軌道をより正確に計算することに成功しています。その功績から，正規分布は**ガウス分布**ともいわれます。

カール・フリードリヒ・ガウス
（1777〜1855）

アブラーム・ド・モアブル
（1667〜1754）

すごい！　天文学にまで応用されたんですね。

スポーツにおいては，正規分布を利用した八百長の分析が，アメリカのプロバスケットボールなどで行われているんですよ。

正規分布って，重要なんですね！

「偏差値」と「頭のよさ」は関係ない！

次に，偏差値についてお話ししましょう。偏差値は受験とは切っても切れないものですから，あなたもよくご存じでしょう。

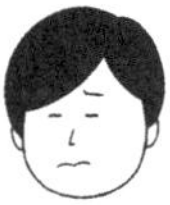

「偏差値」，でもあまりいい印象はないですね。何だか頭のよしあしをランク付けされてるみたいで……。

たしかに，「偏差値が高い＝頭がよい」というイメージが定着していますね。でも，偏差値は，必ずしも学力の高さをあらわすものではないんですよ。
「偏差値」は，正規分布の考え方を利用して成績を基準化した数値で，ある人の点数が，平均点からどの程度はなれているかをあらわす指標のことなんです。
つまり，自分の成績が全体のどの位置にあるのかを知るためのものであって，決して頭の良し悪しをランク付けするようなものではないんですよ。

偏差値ってそういうことなんですね。成績の基準化ってどういうことなんですか？

テストの成績が正規分布にしたがう場合，ある範囲の点数を取った人が全体のどれくらいかを，標準偏差を基準にして求めることができるんです。たとえば，テストで75点を取ったとしましょう。平均点は，正規分布に従うとして65点，標準偏差（σ）が5だったとします。

次のイラストは，標準偏差（σ）と全体の割合をあらわしたものです。
たとえば，今回の場合，75点は平均から標準偏差2個分（5点×2＝10）上まわっていることになります。

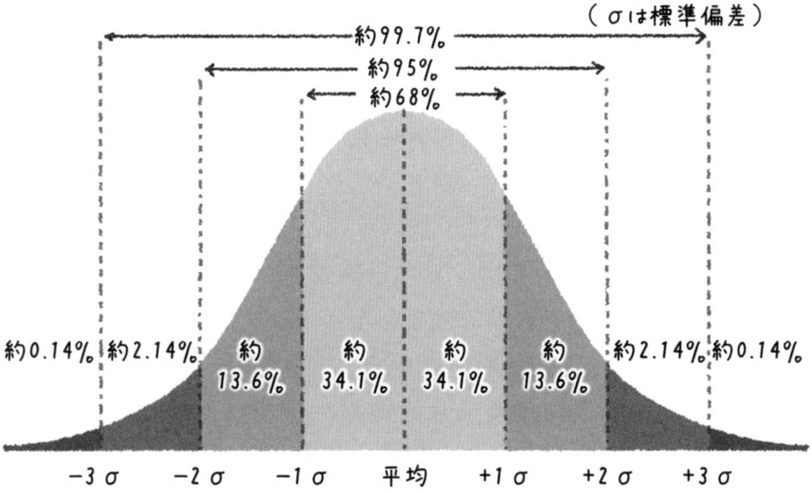

イラストの＋2σのところを見てみると，全体の上位約2.14％に位置することになりますから，75点は非常によい成績だということがわかります。

お，すごい。

具体的には，まず偏差値**50**を基準にします。ここがテストの平均点です。そして，テストの点数が平均点を標準偏差1個分上まわるごとに＋10，1個分下まわるごとに－10とします。こうして出てくる値が偏差値です。

75点は平均点から標準偏差2個分上まわっているので，2×10＋50で**偏差値70**ということになります。
下のグラフは，各偏差値の値が全体のどの位置にいるのかを示したものです。このグラフから，偏差値40（－1σ）から60（＋1σ）の範囲に，全体の**約68.2％**が含まれることがわかります。

ポイント！

$$\text{偏差値} = \frac{\text{点数}-\text{平均}}{\text{標準偏差}} \times 10 + 50$$

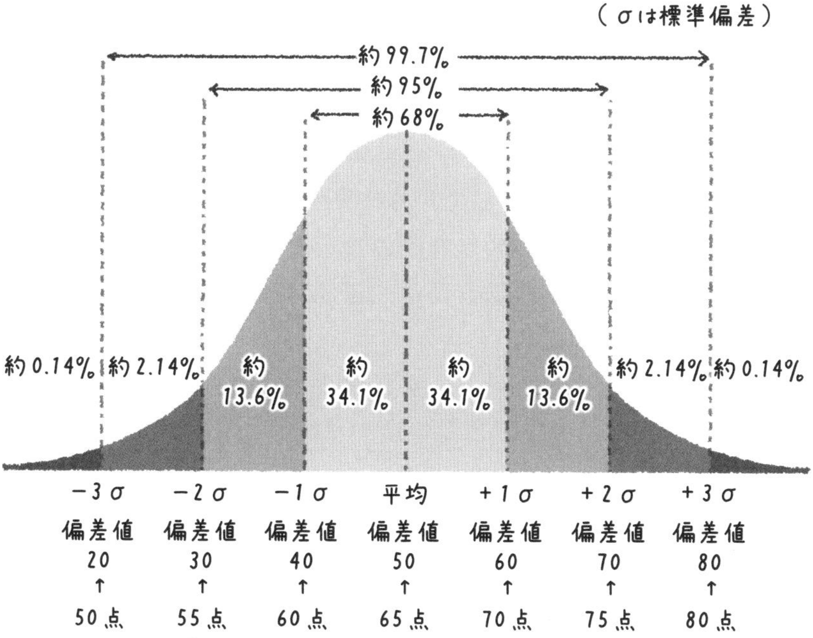

「平均点65点・標準偏差5」のテストの点数

このような標準偏差の性質を使って，一人一人の成績が全体のどのあたりに位置するのかを一目でわかるようにした値が，偏差値です。**偏差値を使えば，平均点や標準偏差がことなるテストでも，自分の点数が相対的にどこに位置するかを比較できるわけです。**

なるほど……。
先生，ちょっと気になったのですが。ごくごくわずかですけど，**偏差値80以上**がいますね。そんな高い偏差値ありえますか？　私は偏差値75までしか見たことないんですが（友人の）。

はい。ごくまれですが，偏差値80を上まわったり，逆に偏差値20を下まわったりすることもありえます。
偏差値は，標準偏差などをもとに決まる値ですから，同じ学力の人でも，テストの難易度や，どういう人が受けるテストなのか（特定の大学を受ける人だけが受けるなど）によって変わってくるのです。
また，受ける人数や問題の数，出題の難易度にかたよりがあったりした場合には，正規分布にしたがわなくなることもあります。
こうしたことからも，偏差値を頭のよさの基準として絶対化することはできないんです。

条件などによって，変わってしまうんですね。

はい。あらためて，**「偏差値は，学力の高さのよい指標であるといえない場合もある」ということも，理解しておきましょう。**

「相関関係」に「因果関係」があるとは限らない

私たちが日々目にするニュースの中には，統計的な調査にもとづいたものが数多くあります。
ここからは，そうしたデータを見るときに注意すべき点についてお話ししましょう。

注意すべき点，ですか？

はい。統計結果を見るときは，相関関係と因果関係はちがうという点に気をつけなければならないのです。

相関関係と因果関係？
どういうことでしょうか？

まず**相関関係とは，一方の量が変化するとき，別の量もそれに応じて変化する関係をいいます。**
たとえば一方の量が増加するときに別の量も増加する傾向があるときは正の相関関係があるといい，逆に，一方の量が増加するとき別の量が減少する傾向があると，負の相関関係があるといいます。
また，これらの傾向が見られない場合は相関関係がないことになります。

おたがいが関連しているわけですね。

次に**因果関係は，二つのものごと（事象）が「原因」と「結果」の関係にあることをいいます。**

ポイント！

相関

二つの事象の量について，一方の量がふえたとき，もう一方の量が変化する関係のこと。

正の相関

一方の量が増加するときに別の量も増加する。

負の相関

一方の量が増加するとき別の量が減少する。

どちらの傾向も見られないときは「相関関係はない」。

A. 正の相関関係

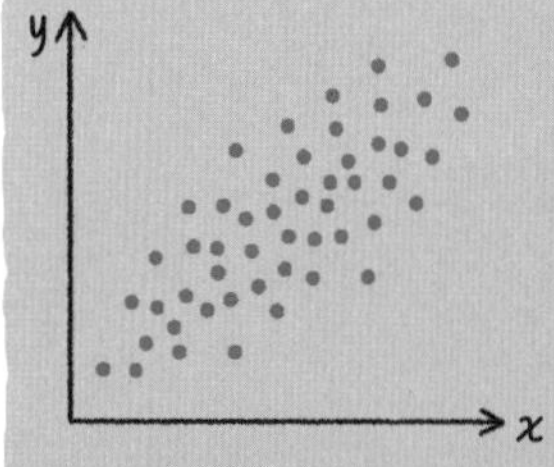

「正の相関関係がある」
xの値がふえるとyの値もふえる。

B. 負の相関関係

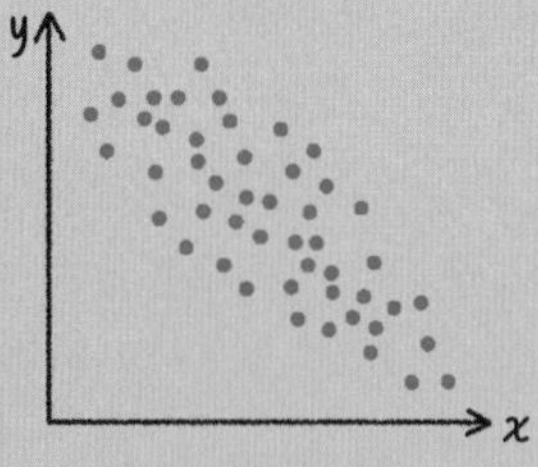

「負の相関関係がある」
xの値がふえるとyの値が減る。

C. 相関関係がない

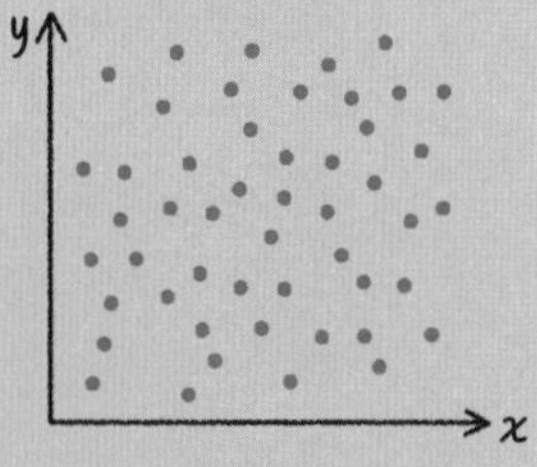

「相関関係がない」
xの値の増減とyの値の増減に一定の関係が見られない。

しかし，ここで注意すべきなのは，**相関関係がある二つのものごとの間には，必ずしも因果関係があるとは限らない**ということです。
たとえば，**夏**になると，「**ビール**の販売量が増加する」というニュースをよく目にするようになります。同時に，「**水難事故**が増加している」という報道もふえますよね。つまり，ビールの販売量と，水難事故の件数は相関関係があることになります。

たしかに，よく目にしますね。

しかしこのことから，「ビールの販売量が増加したから，水難事故がふえた！」というあやまった因果関係を導いてはいけません。

ええ～っ！　因果関係はないんですか？　でも，それじゃあ，なぜビールの販売量と水難事故には相関関係があるんでしょうか？

この二つの事象は夏になると発生する共通点はあります。しかし，これらの二つの事象の間には因果関係はありません。

相関関係を見るときは，そこに**第3の要素**がないかどうかを見極める必要があります。

第3の要素!?

はい。たとえば，「夏になると，ビールの販売量の増加とともに，水難事故もふえる」という結果が導かれたとしましょう。
しかし，飲酒が原因で溺れてしまうケースはまれで，ほとんどの場合，両者の間に因果関係はないはずです。

そうですよね。

この場合，この二つの事例には，**気温**という別の原因が影響をあたえていると推測できます。
つまり，暑くなるとビールがおいしくなりますし，海や川で遊ぶ人もふえます。すると，ビールもよく売れるし，水難事故も増加しますよね。

「気温」が第3の要素，というわけですね！

その通りです。
このように，よく見極めないと，「ビールの販売量の増加とともに水難事故も増加する」という相関関係から，「ビールの販売をひかえれば水難事故は減る」という，見当外れな結果が導かれかねません。

データを読みまちがえると，見当外れな対策をしてしまうかもしれないわけですね。

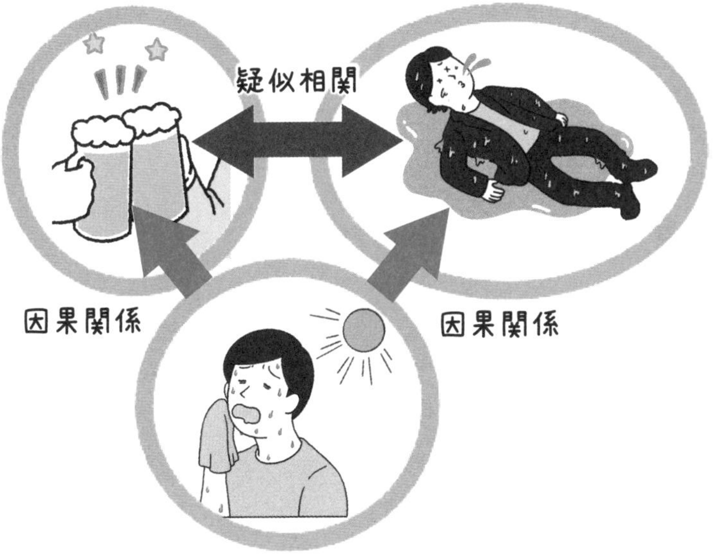

そうですよ。
このように，本当は因果関係がない二つの事柄の間に，相関関係が認められて，あたかも因果関係があるかのように見えてしまうことがあります。これを**疑似相関**といいます。
ほかにも，**チョコレートの消費量が多い国ほど，ノーベル賞受賞者の数が多い**という相関の事例も知られています。

そんな事例があるんですか？

2012年に，コロンビア大学の研究者が，国別の**チョコレートの消費量**と**ノーベル賞受賞者の数**の関係を分析したんです。すると，チョコレートをたくさん食べる国ほど，ノーベル賞の受賞者数が多いという相関関係が見られたんです。

えっ！
チョコレートって，脳に関係する栄養素が含まれているんですか？

と，思ってしまいますよね。
しかし，この相関関係にも，因果関係はないんです。
この例では，**豊かな国ほどチョコレートを食べる余裕があり，また，教育水準も高いためにノーベル賞の受賞者が多い**ことが考えられるのです。
つまり，「チョコレートの成分」ではなく，**経済的な豊かさ**という第3の要素が，チョコレートの消費量とノーベル賞受賞者数を押し上げる原因の一つになっている可能性が考えられるのです。

明日からチョコレートを毎日食べようと思ってましたが，早計だというわけですね！

その通りです。このように，相関関係を見るときはいつも，二つの事象に相関関係をもたせる原因となった「第3の事象」がないかを考えるようにしてください。

気をつけます！

さて，ごく基本的な要素のみになりましたが，確率・統計のお話もこれでおしまいです。
298～299ページに，ここではご紹介しきれなかったものとともに統計に関する重要公式をまとめましたので，そちらもあわせて見てみてください。

はい！　「確率と統計」は，日常生活の中でも割とよく目にする機会が多いので，興味深かったです。
宝くじも，中学・高校の数学で考えることができるんですね。
先生，私は数学が**大の苦手**で，中学・高校時代には，「数学なんて何の意味があるんだろう」って思っていました。
でも，あらためて関数や微分積分，確率や統計などのお話を聞いて，数学は古代から人々が生きていくために必要不可欠なもので，それが現代の私たちの生活にとても密接につながっているものだということがわかりました。
中学と高校の数学では，**社会に役立つ土台**となることを教えてくれていたんですね。

たしかに，公式を覚えたり方程式を解いたりするのは無味乾燥に感じるかもしれません。しかし，**それぞれの公式や方程式であらわされる数学には，ちゃんと意味があります。**それを知って，少しでも数学の面白さをわかっていただいたなら，こんなにうれしいことはありません。

先生，**どうもありがとうございました！**

統計の重要公式集

平均値

n個のデータがあるとき，それらをすべて合計したものをnで割った値を「平均値」といいます（相加平均ともいいます）。

$$\text{平均値} = \frac{\text{データ}_1 + \text{データ}_2 + \cdots + \text{データ}_n}{n}$$

分散・標準偏差・偏差値

n個のデータがあるとき，それぞれの偏差（平均値からのずれ）を2乗したものをすべて合計し，nで割った値を「分散」といいます。データのばらつき具合を示す特性値です。

$$\text{分散} = \frac{(\text{データ}_1 - \text{平均})^2 + (\text{データ}_2 - \text{平均})^2 + \cdots + (\text{データ}_n - \text{平均})^2}{n}$$

分散の平方根を「標準偏差」といいます。標準偏差も，データのばらつき具合をあらわす特性値としてよく使われます。

$$\text{標準偏差} = \sqrt{\text{分散}}$$

偏差値はあるデータの値が，全体の中でどれくらいの位置にあるのかを示す尺度です。

$$\text{偏差値} = \frac{(\text{データ}) - (\text{平均})}{\text{標準偏差}} \times 10 + 50$$

共分散と相関係数

各データのxの偏差とyの偏差の積の平均を「共分散」といいます。

$$
\begin{aligned}
\text{共分散}=\{&(\text{データ}_1\text{の}x\text{の偏差})\times(\text{データ}_1\text{の}y\text{の偏差})\\
&+(\text{データ}_2\text{の}x\text{の偏差})\times(\text{データ}_2\text{の}y\text{の偏差})\\
&\qquad\vdots\\
&+(\text{データ}_n\text{の}x\text{の偏差})\times(\text{データ}_n\text{の}y\text{の偏差})\}\\
&\times\frac{1}{n}
\end{aligned}
$$

相関係数は-1から1までの値になり，値が1に近いほど正の相関が強く，-1に近いほど負の相関が強いとみなせます。

$$\text{相関係数}=\frac{\text{共分散}}{x\text{の標準偏差}\times y\text{の標準偏差}}$$

索引

た〜と

は〜ほ

ま〜ら

シリーズ第34弾!!

やさしくわかる！

文系のための東大の先生が教える 認知症

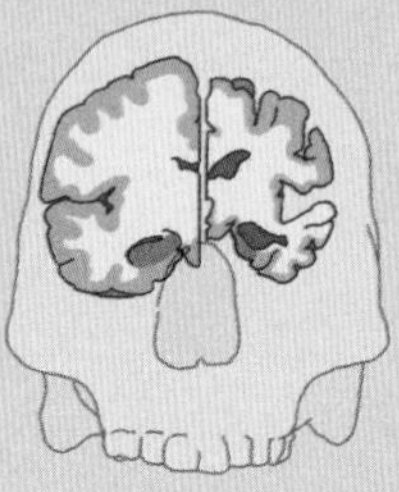

2023年9月上旬発売予定　A5判・304ページ　本体1650円（税込）

認知症の患者数は急増しています。日本の65歳以上の高齢者の患者数は，2025年に約700万人になると推計されており，これは65歳以上の5人に1人にものぼります。今や，認知症はだれもがなりうる病気なのです。

認知症は脳の病気です。認知症になると，記憶力や判断力といった知的能力が失われてしまい，日常生活全般に支障が出てしまいます。認知症の原因の約7割を占めるアルツハイマー病では，脳に“ゴミ”がたまることで，神経細胞が死んで脳が萎縮していきます。その兆候は，アルツハイマー病を発症する10～20年ほど前からはじまっているといいます。残念ながらアルツハイマー病を完治させる薬はまだありません。治療法や早期診断法を開発するために，現在さまざまな研究が進められています。

本書では，認知症の基本と，その予防法や治療法について，生徒と先生の対話を通してやさしく解説します。高齢化社会をむかえる今，認知症について，正しい理解を深めていきましょう。

主な内容

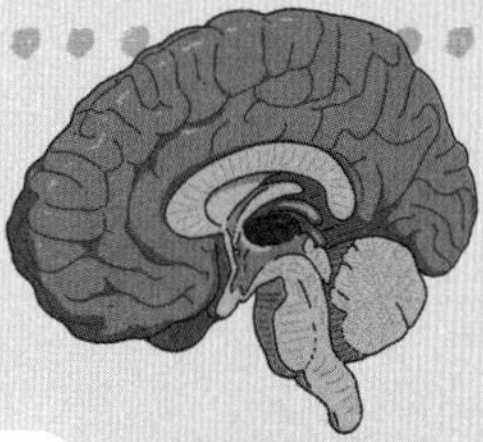

認知症の基本

認知症は21世紀最大の課題
早期発見・早期診断が最も大事

認知症を理解するための脳の基本

脳のしくみと神経細胞
記憶には，海馬が必要

認知症のしくみと最新の治療法

脳のゴミが引きおこすアルツハイマー病
アルツハイマー病の診断と治療に挑む

脳寿命をのばすには

認知症と診断されたら
認知症とかかわる生活習慣

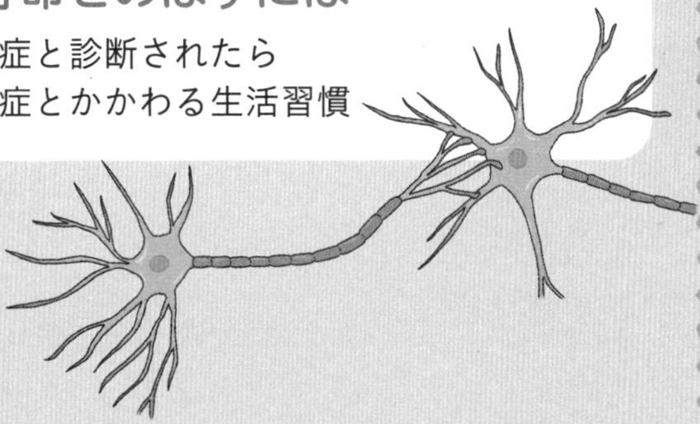

Staff

Editorial Management　中村真哉
Editorial Staff　井上達彦，宮川万穂
Cover Design　田久保純子
Writer　小林直樹

Illustration

表紙カバー　松井久美
表紙　松井久美
生徒と先生　松井久美
4~11　羽田野乃花
　松井久美
13　羽田野乃花
14~15　松井久美
16~19　羽田野乃花
　松井久美
20~31　松井久美
33~37　羽田野乃花
40~42　松井久美
44　羽田野乃花
45　羽田野乃花
　松井久美
48　羽田野乃花
49~51　松井久美
55~61　Newton Press
62~67　松井久美
70　羽田野乃花
72~73　松井久美
74~75　羽田野乃花
76~77　松井久美
82　羽田野乃花
83~88　松井久美
89~94　羽田野乃花
96　松井久美
97~104　羽田野乃花
107~111　松井久美
112~113　Newton Press
　羽田野乃花
114　松井久美
115~126　Newton Press
128~131　Newton Press
　松井久美
133~140　Newton Press
141　松井久美
143~161　Newton Press
　羽田野乃花
163　松井久美
165~166　Newton Press
167　松井久美
168　Newton Press
169　松井久美
170　Newton Press
　松井久美
172~200　Newton Press
203　松井久美
204~205　Newton Press
　松井久美
206~211　Newton Press
213　松井久美
214~222　Newton Press
225　松井久美
226　Newton Press
228　松井久美
233~234　Newton Press
236　羽田野乃花
238~242　松井久美
245　Newton Press
　松井久美
246~250　松井久美
258　Newton Press
262　羽田野乃花
264~267　松井久美
270　Newton Press
273　松井久美
275~276　Newton Press
279~284　羽田野乃花
285~286　松井久美
288~289　Newton Press
292　羽田野乃花
293~301　松井久美
302~303　Newton Press
　佐藤蘭名
　松井久美

監修（敬称略）：
山本昌宏（東京大学大学院教授）

やさしくわかる！
文系のための 東大の先生が教える
学び直し数学

2023年9月5日発行

発行人　高森康雄
編集人　中村真哉
発行所　株式会社 ニュートンプレス　〒112-0012 東京都文京区大塚3-11-6
https://www.newtonpress.co.jp/

ISBN978-4-315-52728-5